北方农牧交错区保护性耕作研究

路战远　张德健　程玉臣 等　著

中国农业出版社
北　京

《北方农牧交错区保护性耕作研究》

著　作　人

著作人（成果贡献人员）：

路战远	张德健	程玉臣	王玉芬	孟　德
郑海春	张建恒	杜文波	王　瑞	徐润邑
杨　彬	张向前	张建中	王建国	平翠枝
李金龙	高丽丹	咸　丰	陈立宇	张富荣
郭晓霞	孙　峰	景振举	姚仲军	王黎胜
孙鸿举	李　娟	智颖飙	张荷亮	孙东显
赵瑞凡	左明湖	王　璞	孙峰成	赵小庆
叶　君	赵双龙	康　林	郝楠森	张　渊
高　娃	贺鹏程	吕佳文		

前　　言

中国农牧交错区涉及黑龙江、内蒙古、辽宁和吉林等13个省（自治区）的234个旗（县市），总面积81.35万km^2，其中，北方农牧交错区涉及9省（自治区）106个旗（县市），总面积65.46万km^2。该区域自然环境恶劣，常年干旱风大，土壤风蚀沙化严重，农田退化，耕地质量下降，作物产量低而不稳，生产效益差，严重影响着该区域农田生态保护与农业可持续发展。

本书系统阐述了该区域保护性耕作研究的进展；揭示了农牧交错区农田退化机理、保护性耕作土壤理化特性、微生物多样性的变化规律及杂草发生与危害规律；探明了保护性耕作农田水分运移规律和作物需肥规律；创新了防风固土、合理耕层构建、地力提升、水肥调控、免耕播种抗旱保苗、杂草综合防控等关键技术；选型和改进了保护性耕作配套装备；构建了我国北方农牧交错区保护性耕作技术体系和模式，制定了相应的技术标准，并大面积推广应用。成果为中国北方农牧交错区农田防风固土、蓄水保墒、地力提升和农田综合生产能力提高提供技术支撑和实践参考。

本书在内蒙古科技厅科技计划项目“旱作农业与农业节水技术研究与示范——旱作农田保护性耕作玉米、小麦节水丰产高效关键技术研究与示范”（计划编号：20110709）、“旱作农业与农业节水技术研究与示范——旱作农业节水技术集成与示范”（计划编号：20120709）、“旱作农业与农业节水技术研究与示范——旱作农田保护性耕作节水丰产高效关键技术研究与示范”（计划编号：20130709），农业部保护性耕作创新项目“农牧交错区保护性耕作大豆、燕麦田间杂草发生规律及综合控制技术”，内蒙古科技厅科技推广计划项目“保护性耕作农田杂草综合控制技术区域示范与推广”“农牧交错区保护性耕作油菜、燕麦田间杂草综合控制技术集成示范与推广”“农牧交错区保护性耕作农田环保型杂草综合控制技术示范与推广”等项目成果的基础上编写而成。在项目立项和实施过程中，相关主管部门和单位给予了大力支持和帮助，项目实施区的广大科技人员为项目完成和成果取得，付出了辛勤的劳动和汗水，在此一并表示衷心感谢。由于项目实施难度大、实施期相对较短、研究资料有限，书中错误和不足之处在所难免，恳请批评指正。

著作者

2019年8月

目 录

第一章

概　　述

第一节　项目基本情况

中国农牧交错区涉及黑龙江、内蒙古、辽宁和吉林等13个省（自治区）的234个旗（县市），总面积81.35万km^2，其中，北方农牧交错区涉及9省106个旗（县市），总面积为65.46万km^2，占全国农牧交错区总面积的80.47%。该地带生态环境的优劣，直接影响着内蒙古乃至京、津、唐地区生态环境的质量。该区域耕地、草场退化形式表现为耕地风蚀沙化严重、耕地环境质量退化，水土流失严重，原生草场面积锐减、草场退化，生态功能受损、环境恶化，抗灾能力下降五个方面。

农牧交错区是我国主要的生态脆弱带之一，农田风蚀沙化、草原退化，沙尘暴频发。中国科学院地学部风沙问题咨询专家组呈送国务院《关于我国华北沙尘天气的成因与治理对策》的报告中指出，裸露农田是沙尘暴的主要来源。实践证明，保护性耕作是生产与生态双赢的耕作方法，是防控农田起沙扬尘、改善生态环境的主要途径。

内蒙古抓住农牧业生产环境条件特点，及时改革不合理的耕作制度和农牧业生产方式，积极研究推广保护性耕作技术。已有11个盟（市）的64个旗（县）承担了自治区项目、47个旗（县）实施了农业部示范项目，其中14个旗（县）实施了保护性耕作工程项目。到2018年，内蒙古保护性耕作实施面积达到140万hm^2，继续保持保护性耕作面积全国第一。保护性耕作将成为今后内蒙古自治区农耕方式的主要模式，发展前景广阔。

第二节　实施保护性耕作后生产中存在的主要问题

在农牧交错区，由于缺乏对保护性耕作关键性技术研究与攻关，未形成综合配套的技术体系与模式。在实施保护性耕作技术同时，各地出现许多不利于农作物产量提高的现象，限制了农业的发展，使保护性耕作技术应用和推广受到阻碍，所以，急需深入研究成因、破解规律，以便制定切实可行的保护性耕作技术模式。

一、部分区域的保护性耕作技术模式有待进一步完善

我国地大物博，土壤、气候、作物类型复杂多样，在保护性耕作技术一般原理的指导下，不同区域需要因地制宜研究和完善适宜本地区的保护性耕作技术模式。从目前的情况看，大部分地区虽然开展免耕技术研究已有多年，但有些地区还没有形成完善的保护性耕作技术模式，有的区域虽然已经有了一些技术模式，但是规范化和标准化差，难以形成高水平的保护性耕作技术体系。标准化、规范化、模式化发展是保护性耕作技术的必然趋势。

二、保护性耕作的某些关键配套技术需要加强研究和突破

一是播种质量控制及保苗技术。由于大量的秸秆覆盖及机具问题，造成免耕条件下作物播种质量不高，有的甚至影响作物产量，特别是玉米覆盖以及玉米根茬地，如何提高免耕播种质量等，都亟待加强研究和突破。

二是肥料管理和灌水管理技术。实行免耕以后，上层土壤比较肥沃，但深层土壤肥力改善较慢，如果没有配套的养分综合管理技术，保护性耕作技术的增产潜力就得不到有效发挥。保护性耕作具有节约灌水的潜力，但是如何节约灌水，又不影响产量，需要对灌水技术进行研究。

三是病虫草害控制技术。特别是农牧交错区免耕条件下杂草控制技术，采用机械浅松代替除草剂除草的技术等。浅松代替除草剂，其目的是为了节约成本、减少农药残留，同时还有疏松表土、提高地温的作用。我国目前在表土作业效应、表土作业机具开发方面仍有较大的差距，需要加强研究。

四是高产栽培技术。现行的栽培技术体系都是基于常规耕作的高产栽培技术体系，缺少与少免耕特点相配套的栽培技术体系，不能充分发挥少

免耕技术的优点。

三、保护性耕作机具研发和专业化生产有待加强

保护性耕作机具一直是影响保护性耕作大面积推广的最重要因素。存在的问题：一是部分关键产品性能尚不能满足生产需要。如垄作免耕播种机、杂粮免耕播种机性能尚存在不少问题，机具的通过性、可靠性和对地区的适宜性等都有待加强。二是产品类型较少。如产品品种集中在播种、深松和秸秆粉碎还田机具上，缺少表土整地机具、除草机具、喷药机具等。三是保护性耕作机具产业有待形成。目前，国内生产耕作机具的专业厂较少，产品开发能力还不高，现有的产品在产品数量和质量上还不能满足生产需要，因此，免耕机具产业的发展还需要国家在产业政策上给予扶持。

四、保护性耕作的环境效应还需深入研究

保护性耕作具有减少水土流失、保护土壤、增加土壤有机质含量等作用，但是，保护性耕作的碳汇效应与原理、肥料面源污染特点等与传统耕作有什么不同等问题都有待进一步加强研究。如美国总结的保护性耕作十大效益中有一条是“保护地下水”，即认为：“作物残茬帮助土壤保存肥料与杀虫剂，减少其流入地表水中的可能。残茬可以使杀虫剂的流失减少一半，而且，在富碳的土壤中生存的微生物能够降解杀虫剂并充分利用肥料，从而保护了地下水的质量”。有关这些涉及环境方面的问题，我国需要加强研究，给出自己的答案。

五、宣传和教育力度需要进一步加强

免耕并非“刀耕火种”的重演，更不能理解为“种懒庄稼”，不能“一免了之”。它是建立在近代农业科学基础上的，是实现农业现代化的有效途径。要更新概念，提高认识，拓展思路，才能有计划有步骤地使之更大范围地向前发展。同时，不能将免耕与我国传统的精耕细作对立起来，二者既矛盾又统一，相互联系。要根据自然资源条件，气候、土壤、作物

等综合考虑选择耕作措施，同时应将免耕与精耕细作结合起来，扬长避短，充分发挥彼此的作用。

第三节　旱作农田保护性耕作建设意义

保护性耕作是对传统耕作制度的一项重大变革，是一项通过对农田实行免耕少耕和秸秆留茬覆盖还田的手段，达到控制土壤风蚀水蚀和沙尘污染，提高土壤肥力和抗旱节水能力，节能降耗和节本增效的先进农业耕作技术。《保护性耕作工程建设规划（2009—2015 年）》中明确提出，“保护性耕作是一项生态效益和经济效益同步、当前与长远利益兼顾、利国利民的革命性农耕措施。积极发展保护性耕作是促进农业发展方式转变的有效途径。”

各地示范试验区试验结果证明，与传统翻耕耕作方式相比，保护性耕作有三方面效益非常明显。

一、社会效益可观

随着社会经济的发展，劳动力成本不断增大，非农就业机会增大，农民越来越倾向于选择劳动力集约型的农业技术，从而逐渐取代传统上以土地集约型为特征的耕作技术，因而采用保护性耕作技术也是社会经济发展的一种必然选择，能够省工省时，促使剩余劳动力向二、三产业发展。

二、生态效益明显

保护性耕作可以减少地表径流和土壤流失，减少大风刮起的沙尘量，能够有效抑制大风扬沙对土壤的侵蚀。美国和澳大利亚等国家的风洞试验表明，地表残茬能够减小大风对土壤的作用力，降低地表风速 70%～80%。中国农业大学在河北坝上的试验研究也得出类似的结论，即保护性耕作可以减少农田起尘 50%～60%。保护性耕作由于实行作物留茬和秸秆覆盖，减少了土地裸露面积，增大了地表粗糙度，降低了近地表风速，从而有效地降低了土壤的风力侵蚀作用。收割后作物秸秆用于覆盖田地不进行焚烧，大大减少大气污染，净化周围环境，可以有效增加休闲期的土壤蓄水量，提高水分利用率，增加土壤肥力，其中速效氮、速效磷、速效钾均有所提高。同时，由于土壤水分的增加，增强表层土壤之间的吸附力，改善团粒结构，使可风蚀的小颗粒含量减少，从而有效地减少农田扬尘。

三、经济效益显著

采用保护性耕作技术不仅会带来固碳减排的潜在环境效益，而且还可为农民带来一定的经济效益，尤其是表现在减少劳动力投入方面的经济效益，取得防风固沙显著效果。西北干旱、半干旱农牧交错地区，存在着土壤贫瘠、产量低、劳动力短缺，农民生活贫困和风蚀沙化、水土流失两大问题，需要应用和推广既保护环境又增产增收的耕作技术。吉林省农业科研部门多点试验、示范效果显示：保护性耕作可以降低作业成本，使玉米产量和出苗均提高10%左右，节本增效每公顷可达1 500元以上。实施保护性耕作是一种适时、适地、切实可行的农业耕作制度，它能够在实现增产增收的同时，达到保护农业生态环境的目的，是摆脱日益加深的干旱和促进农业可持续发展的重要途径，也是培肥地力、促进农业可持续发展的主要手段，是降低农业生产成本、提高生产效益的有效途径，对于保护耕地，改善环境，促进农业可持续发展，保障国家粮食安全，具有十分重要的意义。本项目实施，通过重点研究适合不同生态类型区保护性耕作节水丰产高效技术，通过研究免耕播种保苗、杂草综合防控、水肥调控、机械选型与改进等关键技术，通过设计和集成不同生态类型区保护性耕作丰产高效技术与模式，并大面积示范推广，使保护性耕作这一兼顾经济效益、社会效益和生态效益的先进农耕技术在广大农牧交错区积极稳步推广，为农业增产、增效，农民增收和生态环境改善提供技术支撑，促进农业可持续发展。

第四节　干旱农田保护性耕作提出的必要性

土地沙漠化是中国北方农牧交错带地区最突出的问题，既威胁着京津冀地区的生态安全，也成为北方农牧交错带所面临的环境严重破坏和社会经济发展急需解决的矛盾。近年来，虽然在该地区研究和推广保护性耕作技术措施，但是效果甚微。主要表现在：

一是缺乏与不同作物相配套的保护性耕作机具。由于保护性耕作农艺要求的复杂性和生产条件的多样性，已有的机具性能不尽完善，在实际操作过程中不能达到农艺要求，加之秸秆还田造成机具在田间可操作性降低，因此，急需要求研发因地制宜的保护性耕作配套机具，对作物品种进行搭配与筛选。

二是缺乏适应不同生态区域的保护性耕作技术规程。农牧交错区地域辽阔，各地区自然条件、经济水平差异较大，形成了农业生产形式、耕作制度等的多样化特征。有些地区免耕推广面积虽然较大，保护性耕作技术也比较成熟，但适宜区域并不十分明确，绝大部分地区仍然缺乏用于指导生产相对应的技术规程。

三是缺少保护性耕作相应的配套技术。低温冷害、肥料施用、覆盖作物残茬引起的病虫草害变化、大量使用除草剂和农药所造成的环境污染、土壤表面处理技术及与其他农艺技术措施综合配套等问题都亟待解决，实施保护性耕作作物病虫害、草害的发生与防治，因其发生受气候等多因素影响，控制与防治效果也受到影响。在农牧交错区，旱作保护性耕作缺乏综合配套的技术体系与模式，作物产量低而不稳，甚至出现减产，应有的生产与生态效果未能充分发挥。

以上这些问题的解决，既成为未来保护性耕作技术研究的难点与热点，也是顺应当前我国把“发展循环经济、推进节约型社会发展”作为主题的重要举措，迫切需要加大保护性耕作技术推广力度。项目针对旱作农田风蚀沙化、干旱缺水、土壤退化及保护性耕作实施中存在的突出问题，开展以固土减尘、蓄水保墒、增产增效为核心的保护性耕作丰产高效关键技术研究，集成免耕播种抗旱保苗、杂草综合防控、水肥调控、机械选型与改进等关键技术，建立与嫩江流域旱作农业区、西辽河流域灌溉农业区、阴山北麓旱作农业区相适应的保护性耕作节水丰产高效技术体系及模式，充分发挥保护性耕作整体效益，持续提高区域农田综合生产能力，为农业增产增效、农民增收和改善生态环境提供技术支撑。

通过总结我国半干旱区和半湿润偏旱区主要大田作物实现高产高效的主要水肥调控技术，探索制定了我国北方不同类型旱作田水肥调控技术规程。

通过低温冷害、肥料施用、覆盖作物残茬引起的病虫草害变化、大量使用除草剂和农药造成的环境污染、土壤表面处理技术及与其他农艺技术措施综合配套等问题综合研究，创新适应不同生态类型地区、不同作物的保护性耕作技术模式，为指导旱作农田作物高效生产，为推动旱地农业可持续发展提供一定的理论指导。

通过对保护性耕作配套的技术问题生产实验和研究，制定保护性耕作、病虫草害防治配套机具系统，为保护性耕作专用机具的研制提供科学依据。

第二章
国内外技术现状、发展趋势及现有工作基础

第一节　国内外相关研究的历史概述

一、国外相关研究的历史概述

20世纪初，由于人类的过度耕作，植被破坏，导致了二次黑色风暴横扫美国大陆，成千上万吨的农田表土被刮走，数百万公顷的粮田遭到破坏，而土壤表面由秸秆及残茬覆盖的地方，表层土却被保留下来。为此，1942年美国成立了土壤保护局，在土壤学家、农学家、农机专家共同努力下，总结开发出了保护性耕作法，即收获后把作物秸秆和根茬留在地上保护土地，防止风吹、水蚀的方法。目前，在美国、加拿大、澳大利亚已经基本取消了铧式犁翻耕的传统耕作方式，大面积采用了以机械化为支撑的保护性耕作法，取得了较好效果。至今，这项技术在北美洲、南美洲、澳洲、欧洲、非洲、亚洲的70多个国家推广应用，总面积达到了0.63亿hm^2，而在美国、加拿大、澳大利亚等国家该项技术已经相当完善和普及。

国际上的保护性耕作大体经历了三个阶段。在不同历史发展阶段，保护性耕作的概念和内容有所不同，所涉及的范围也在不断扩大。

第一阶段是20世纪30—50年代：主要对土壤耕作农机具和耕作方法进行了改良，提出了少耕、免耕和深松等保护耕作法。美国在20世纪20—30年代利用大型机械翻耕大面积农田，一场著名的“黑风暴”从美国干旱地区刮起，席卷2/3的美国大陆，刮走地表层10～50 cm厚度的肥沃土壤3.5亿t，冬小麦减产51亿kg。1935年美国成立了土壤保护局，从此开始研究改良传统翻耕耕作方法，研制深松铲、凿式犁等不翻土的农机具，免耕技术成为当时的主导技术。

第二阶段是20世纪50—80年代：机械化免耕技术与保护性植被覆盖技术同步发展。在免耕技术大面积应用的过程中，许多研究证实了各种类

型的机械化保护性耕作对减少土壤侵蚀方面有显著效果，但也出现不少因杂草蔓延导致作物减产的例子，使得该项技术推广较慢。到 20 世纪 70 年代，又加入了不同作物轮作与作物秸秆还田覆盖的内容，称之为保护性耕作种植。

第三阶段是 20 世纪 80 年代至今：随着免耕播种等机具的研制与应用、作物轮作和除草剂的大面积推广应用，保护性耕作技术的研究与应用取得了重大突破，应用范围不断扩大。据美国保护性耕作组织报道，美国至少有 50%的耕地实行各种类型的保持性耕作，其中作物残茬覆盖耕作占 53%、免耕占 44%，主要应用于大豆、玉米、高粱、小麦、花生、马铃薯、甜菜、烟草、蔬菜等作物。此外，前苏联、加拿大、澳大利亚以及南美的巴西、阿根廷、墨西哥等 70 多个国家纷纷学习美国的保护性耕作技术，在半干旱地区广泛推广应用。

美国主要用于控制土壤风蚀、水蚀，其次才是抗旱、培肥土壤、减少机械作业、降低生产成本。加拿大主要解决土壤过度翻耕、被侵蚀、肥力降低，主要目的是培肥地力。澳大利亚主要是减少水土流失。

近年来，国际上又提出了保护性农业的概念，主要是永久性土壤覆盖（绿色覆盖）、作物轮作（特别是旱田轮作）和减少对土壤的人为干扰，在减少物质和能量投入基础上，保持和增加作物产量，增加农民的经济收入，其范围包括农田、草地等土地类型。

二、国内相关研究的历史概述

从 20 世纪 50 年代开始，我国黑龙江国有农场就开展了免耕种植小麦的试验研究。

60 年代江苏开展稻茬地免耕播种小麦的研究。

70 年代末，北京农业大学（中国农业大学前身）进行了秸秆覆盖免耕技术相关理论和技术研究，西南大学研究水田自然免耕法。证明秸秆覆盖免耕技术具有节水培肥、省工争时节能、增产增收的优点。

80 年代，北方很多科研机构都进行了免耕、少耕、覆盖、深松等试验研究工作，取得了一定的成果。认识到保护性耕作可以保水、保土、保肥，并增加产量。

90 年代以后，由中国农业大学承担的“八五”攻关课题“北方旱地主要类型区保护性耕作体系及配套机具研究”、“九五”攻关课题“旱地可持续生产体系及关键机具研究”，由中国农业大学、山西省农机局与澳大利亚昆士兰大学共同主持的“保护性与带状耕作”“旱地谷物可持续机械化生产体系的研究”等项目，在典型的旱作区山西临汾、寿阳分别建立了冬小麦和春玉米一年一熟制保护性耕作试验区，开始了我国首次农机农艺结合的保护性耕作系统试验研究。经过10年持续的努力，完成了适于我国北方的保护性耕作机具开发，提出了相应的保护性耕作技术体系，解决了在我国旱区实施保护性耕作的工具和手段问题。

从2002年开始，中央财政又设立了保护性耕作专项资金，在北方13省区市的58个县建立了保护性耕作项目示范区，示范面积6.67多万 hm^2，辐射面积近333.33万 hm^2，这标志着我国保护性耕作技术的示范推广已进入新的阶段。

2004年科技部设立“粮食主产区保护性耕作与关键技术研究”课题组，中国科学院、中国农科院等多家单位联合攻关，在三大平原进行了关键技术研究与集成示范，有力地推进了我国的保护性耕作研究发展。

2005年中国农业大学通过“华北平原麦玉两熟区保护性耕作冬小麦田水热效应及其模式的研究”，明确了保护性耕作条件下麦田的水热变化特征，为农田水资源保护与可持续利用提供了技术依据。

2009年国家出台了《保护性耕作工程建设规划（2009—2015年）》。截至2009年，全国保护性耕作技术实施面积突破353.33万 hm^2，对农田起到了蓄水保墒、增强地力、节本增效、改善环境的重要作用。

2016年是我国“在部分地区探索实行耕地轮作休耕制度试点”工作全面启动的开局之年，当年农业部会同财政部等10个部门和单位联合印发了《探索实行耕地轮作休耕制度试点方案》，对试点工作进行了全面部署。针对这一制度试点问题，2016年10月中国科学院启动了学部咨询项目“探索实行耕地轮作休耕制度试点问题咨询研究”，对试点工作开展战略性的、深层次的高端智库讨论。

2017年是我国发展保护性耕作进程中不平凡的一年，也是业绩成效比较突出的一年。国务院批准发布的《全国国土规划（2016—2030年）》其中关于分类保护一章中提出“加强北方旱田保护性耕作”；农业部制定发布的《全国农业现代化规划（2016—2020年）》，确定加快深松整地、保护性耕作、秸秆机械化还田等机械化技术的推广应用。农业部关于

《2017年农机化促进农业绿色发展工作方案》中提出从2017年起，对技术成熟的保护性耕作等绿色高效机具全部实行敞开补贴，加大补贴支持力度。2017年，全国保护性耕作技术推广应用面积突破1亿亩*。吉林省长春市玉米保护性耕作面积发展到300多万亩，居全国玉米机械免耕播种最高水平；东北玉米秸秆全量覆盖和耙混还田模式得到了突破性发展；河北、山东、安徽小麦免耕播种技术保持稳定发展，山东省莱西市小麦免耕播种技术应用面积达2万 hm^2，大旱之年仍然获得丰收。同年，保护性耕作关键机具研发制造创新有新突破。多家企业和科研机构研发的多种机具产品，都填补了我国保护性耕作机具的空白。

同时，保护性耕作技术应用模式有重大突破，具有中国特色的保护性耕作技术模式体系正在逐步形成。在中国科学院沈阳应用生态研究所、中国农业大学指导支持的吉林省梨树县玉米秸秆全覆盖机械化免耕栽培技术模式，被农民日报正式誉为“梨树模式”，梨树镇高家村中科院保护性耕作试验基地，实现玉米秸秆连续10年全量还田覆盖，产量稳定，成为全国保护性耕作技术的样板。黑龙江农垦农业科学院引进示范的美国大平原秸秆垂直深松整地耕法在黑龙江试验取得成效。新疆农机推广总站、西安亚澳农机公司等共同示范的山旱地农机深松＋免耕播种技术模式的小麦保护性耕作示范获得成功。部分省市对保护性耕作技术应用实行作业补贴，并开展保护性耕作技术试验示范工作。

内蒙古2000年开始研究发展保护性耕作。2005年5月17日自治区人民政府出台了《关于实施农业保护性耕作制度的意见》，并设立专项资金，带动地方和农牧民及服务组织投入资金累计达1亿元。截至2018年，自治区已在11个盟（市）64个旗（县）实施了保护性耕作项目，全区保护性耕作实施面积达到140万 hm^2，连续几年保持保护性耕作面积居全国首位。

三、国内已经取得的主要技术成果和进展

我国的保护性耕作研究，在吸收国外保护性耕作先进技术的基础上，针对农业生产实际，经过长期的研究和实践，取得了可喜的成果。

---

* 亩为非法定计量单位，1亩＝1/15公顷（hm^2）。——编者注

“六五”至“九五”期间，我国科学家先后研究提出了“陕北丘陵沟壑区坡地水土保持耕作技术”“渭北高原小麦秸秆全程覆盖耕作技术”“小麦高留茬秸秆全程覆盖耕作技术”“旱地玉米整秸秆全程覆盖耕作技术”“华北夏玉米免耕覆盖耕作技术以及机械化免耕覆盖技术”“内蒙古阴山北麓坡耕地等高种植技术”和“宁南地区草田轮作技术以及沟垄种植技术”，先后获国家科技进步奖二等奖两项、省部级科技进步一等奖4项、其他奖励多项。这些技术成果为我国大面积推广应用保护性耕作技术奠定了良好基础。

“十五”期间，国家科技攻关计划“粮食丰产科技工程”项目“粮食主产区保护性耕作与关键技术研究”课题，根据粮食主产区不同生产条件、主体种植方式和实施保护性耕作技术的主要限制因素，设计了有针对性的试验示范工作。初步建立了30多种适合区域发展的保护性耕作技术及覆盖作物技术模式，筛选出覆盖作物品种30多个，引进、选型改造和研制新机具6个，形成新产品9个，取得实用新型专利4个，发明专利5个，软件著作权2个，获得鉴定成果5项。

“十一五”期间，国家科技支撑计划“保护性耕作技术体系研究与示范”项目在东北黑土区、内蒙古农牧交错区、黄土高原丘陵沟壑区、华北平原缺水区、长江流域等区域通过技术集成创新示范，建立起适合区域气候、土壤及种植特点的新型保护性耕作技术体系，为大面积应用保护性耕作技术提供了示范样板和技术支撑。建立了一批少免耕、秸秆还田的保护性耕作长期定位试验点，建成了5个保护性耕作技术核心试验区，建立了10余种适合区域发展的保护性耕作技术及覆盖作物技术模式，筛选出覆盖作物品种9个，引进、选型改造和研制新机具7个，取得实用新型专利16个，获得鉴定成果9项，公开发表论文111篇，发布保护性耕作地方标准2个，为推动我国保护性耕作技术的发展起到了积极的作用。

“十二五”期间，根据《保护性耕作工程建设规划（2009—2015年）》，支持511个项目县（场）完成保护性耕作工程示范区建设任务。到“十二五”期末，建成了600个高标准、高效益保护性耕作工程示范区133.33万hm^2。通过项目建设与辐射带动，新增保护性耕作面积1133万hm^2，占我国北方15个相关省区市及苏北、皖北地区总耕地面积的17%。此外，根据国务院办公厅文件要求，重点分析全国秸秆资源量和综合利用情况。2010 年，我国秸秆综合利用率 70.6%，利用量约 5 亿 t，其中饲料用量占 31.9%、肥料 15.6%，综合利用效果较为显著。到 2013 年，秸秆综合利用率达到了 75%，到 2015 年，超过了 80%。其中，秸秆机械化还田面积达到 4 000 万 hm^2。在此期间，实施了秸秆综合利用试点示范，大力推广了用量大、技术含量高的秸秆综合利用技术，实施了一批重点工程，促进了秸秆产业的发展。

内蒙古地处农牧交错带，因其地貌、气候、土壤特征和种植制度的复杂多样，发展保护性耕作的内涵、模式、措施和效果也各有不同。生产实践证明：加强农机、农艺结合，合理综合运用保护性耕作的各项配套技术，是提高保护性耕作作物产量、增加农民收入、改善生态环境，并可持续推广应用的关键。内蒙古自 2000 年开始开展保护性耕作试验研究，在农业部、科技部及自治区有关部门的支持下，在技术模式与工艺体系、数据监测、机具研发与应用、环境影响与效益等方面的研究和推广取得了重大进展，为内蒙古乃至全国保护性耕作的发展做出了重要贡献。2008 年，全区已有 71%的旗（县）开展了保护性耕作试验、示范和推广，示范推广面积达到 69.93 万 hm^2。2011 年 10 月，由内蒙古自治区农牧业厅主办的“内蒙古自治区农机专业合作社建设与保护性耕作技术推广研讨会”在成都召开，围绕保护性耕作技术试验、示范、推广及进一步完善技术体系、创新发展机制进行了深入研讨，同时对农机专业合作社的扶持政策、组织形式、运行机制及存在的问题等进行了深入探讨，对“十二五”期间农机专业合作社的发展思路与目标，提出了建议。以呼伦贝尔市为例，2011 年全市保护性耕作面积达到 58.67 万 hm^2，占全部耕地面积的 30%，其中岭东地区实施 35.33 万 hm^2、岭西地区实施 23.33 万 hm^2，根河等林区有少量面积。岭东以小型机具作业为主，主要种植玉米、豆类、杂粮；岭西以大型机具作业为主，主要种植小麦、玉米、油菜。2010 年，额尔古纳市和扎兰屯市承担了农业部新建保护性耕作示范项目，牙克石市承担了农业部续建保护性耕作示范项目；2011 年，陈巴尔虎旗承担了农业部新建保护性耕作示范项目。截至 2011 年，通辽市有 8 个旗（县）开展了保护性耕作技术的试验示范和推广工作，其中有 7 个旗（县）承担了自治区保护性试验示范项目，从 2006 年开始，先后有 5 个旗（县）承担了农业部保护性耕作示范项目，2011 年全市推广保护性耕作面积达 11.57 万 hm^2。赤峰市 12 个旗（县）分别承担着农业部保护性耕作技术推广项目和自治区保护性耕作实验项目。经过农机推广技术人员的共同努力，到 2011 年保护性耕作技术推广面积达到 16.93 万 hm^2，年均增加 2 万 hm^2，投入机具 19 489 台，新增 2 846 台，完成机械化秸秆还田面积 0.95 万 hm^2，完成机械深松面积 10.8 万 hm^2。锡林郭勒盟保护性耕作技术的试验和推广地区有白旗、乌拉盖区、太仆寺旗、多伦县和锡林浩特市。截至 2011 年，全盟共完成保护性耕作 1.26 万 hm^2。其中，白旗 0.44 万 hm^2，主要推广小麦、油菜和牧草；乌拉盖区 0.8 万 hm^2，主要推广小麦、大麦和油菜；太仆寺旗主要试验研究小麦、莜麦和青贮玉米；多伦县和锡林浩特市主要开展小麦保护性耕作技术试验研究。乌兰察布市地处内蒙古中部，辖 11 个旗（县、市、区），2003—2010 年，有 11 个旗（县、市、区）都实施了保护性耕作试验示范项目，共示范推广保护性耕作技术 2.67 万 hm^2。其中四子王旗、察右中旗、察右后旗、凉城县、兴和县、商都县、化德县承担了国家级保护性耕作试验示范项目，其他地区实施了自治区级保护性耕作试验示范项目。自 2000 年，呼和浩特市将保护性耕作技术推广作为农机化工作的重点，并不断加强做好与农机示范园区、农机购置补贴、农机化培训、农机作业服务等工作的结合，使得保护性耕作技术推广取得了长足发展，2018 年全市共实施保护性耕作面积 1.48 万 hm^2，完成了任务的 111%，其中农业部、自治区保护性耕作项目示范区实施 0.47 万 hm^2，涉及全市 4 个县的 11 个乡镇。实施免耕播种 0.75 万 hm^2，化肥深施技术推广约 8.67 万 hm^2，主要农作物玉米精量播种 5.17 万 hm^2，占总播种面积的 27.24%。包头市保护性耕作主要在山北地区的固阳县实施，主要作物有小麦、菜籽、荞麦。2004 年开始在固阳县实施保护性耕作技术的试验示范和推广应用，根据农作物种植情况选择荞麦与菜籽为试验示范品种。2004—2009 年承担自治区农机推广站下达的保护性耕作试验示范项目、农业部保护性耕作示范项目、科技部科技转化等示范推广项目。通过上述项目的开展，完成了保护性耕作试验研究和配套机具的引进、研制，建设新的农田保护性耕作技术体系和配套机具系统等一系列工作。2010 年通过抓延伸，促推广，项目区辐射带动全县保护性耕作，积极发展与核心项目区相应地块村组开展保护性耕作。由于保护性耕作适合当地农情，具有显著的保土、保水，增强土壤肥力，改善土壤结构，抑制农田地表扬尘，降低农业生产成本和增加农民收入等优点，得到了农技人员和广大农户的认可。2010 年完成保护性耕作项目面积达 0.13 万 hm^2，2011 年完成保护性耕作项目面积 0.2 万 hm^2，作物为荞麦。2010 年鄂尔多斯市政府办公厅下发了《关于印发全市 50 万亩现代农业保护性耕作项目实施方案的通知》后，项目涵盖了除东胜区以外的所有旗区。到 2011 年底，全市累计完成作业面积 2.04 万 hm^2，共购进各类免（少）耕机具 469 台（套）。主要作物为玉米、小麦、向日葵和优质牧草。

四、国内研究队伍和试验示范基地

从研究队伍来看，国内已经在大专院校、科研院所、科技推广部门组建了一批从事保护性耕作研究、示范和推广的科技队伍。目前，国内保护性耕作领域研究队伍不断发展壮大，已经建立起我国保护性耕作研究协作网，全面推动了保护性耕作的发展。农学、植保、土肥、农机、生态、水利、推广等多学科联合，形成了产学研相结合的攻关队伍，主要研究人员学术水平高，有丰富的相关研究积累。国内农业院校及科研院所在农牧交错带、黄土高原区等区域进行了保护性耕作的研究，并与国际上相关研究合作，极大地推动了保护性耕作的发展，这都为我国保护性耕作的进一步发展提供了充足的研究力量储备。

目前，我国在各大农业类型区基本都进行了保护性耕作技术的研究与示范，并建立了若干相关试验基地。

第二节　国内外技术发展趋势

保护性耕作起源于美国，现已成为世界上应用范围最广、效果最好的一项旱作农业技术，越来越受到世界各国的关注。我国经过 20 多年的试验示范和推广，保护性耕作技术已成为一项被广泛应用于农业生产、被政府重视的新型保护生态、增产增收的耕作模式，而且发展势头迅猛。主要表现在以下几个方面：

第一，保护性耕作纳入国家发展规划，机具补贴力度加大。2017 年国务院批准发布的《全国国土规划（2016—2030 年）》关于分类保护一章中提出“加强北方旱田保护性耕作”；农业部制定发布的《全国农业现代化规划（2016—2020 年）》，确定加快深松整地、保护性耕作、秸秆机械还田等机械化技术的推广应用。农业部关于《2017 年农机化促进农业绿色发展工作方案》中提出从 2017 年起，对技术成熟的保护性耕作等绿色高效机具全部实行敞开补贴，加大补贴支持力度。

第二，全国保护性耕作技术推广应用面积突破 1 亿亩。2017 年在我国东北、西北、华北、华中等地区，在保护性耕作示范推广项目、推进全程机械化等载体的带动和部分地方作业补贴的拉动下，保护性耕作技术推广应用稳步推进，内蒙古、河北、山东、安徽小麦免耕播种技术保持稳定发展。

第三，保护性耕作关键机具研发制造创新有新突破。尤其在播种机研制方面，有关企业进行了技术攻关。例如，玉米免耕播种机行数最多的 9 行免耕播种机，研发制造的 2 行、4 行免耕播种机，2 行条耕机，在解决玉米秸秆全量还田、机具通过性等方面技术上有较大的突破，这些产品都填补了国内保护性耕作机具的空白。

第四，保护性耕作技术应用模式有重大突破，具有中国特色的保护性耕作技术模式体系正在逐步形成。由农业部农业机械化技术开发推广总站征集发布的我国主要农作物全程机械化生产模式中，对东北单季玉米产区玉米全程机械化生产模式提出 3 种具体作业模式，其中覆盖免耕、混埋免耕两种模式均为保护性耕作模式，这凸显出保护性耕作技术已经集成纳入全程机械化技术模式体系中，体现出国家农机推广机构对推广应用保护性耕作越来越重视。

第五，部分省市对保护性耕作技术应用实行作业补贴。内蒙古、河北、吉林对保护性耕作技术应用实行作业补贴，如吉林 2017 年继续对采用保护性耕作技术作业者每亩补贴 25 元。

第六，保护性耕作研究推广组织有新发展。中国农业大学农业部保护性耕作研究中心，再获教育部认定和资金支持；成立了全国第一个由 35 家农机合作社自发组成的保护性耕作社团组织。

一项新的农业措施建立，要经过几十年甚至上百年的生产实践验证和考察研究。保护性耕作技术在我国引进只有 20 多年历史，仍处于试验摸索和规范化、标准化建立的阶段，其可能的重大弊端出现还需要很长时间的检验，许多相关领域的研究还需要进一步开展和探索。纵观世界，展望未来，随着科学技术的不断发展，保护性耕作技术趋势必然是向规模化、标准化、智能化的方向发展，逐渐取代传统落后的耕作方式。从当前国内外保护性耕作技术的发展来看，显现出以下发展趋势：

一、由少免耕机具为主向农艺农机结合并突出农艺措施方向发展

农机是农艺的载体，农艺是农机的目标和方向，在保护性耕作技术下，加强二者的融合，是不断完善保护性耕作技术体系的重要手段。传统的保护性耕作技术重点是开发深松、浅松、秸秆粉碎等农机具。目前，在先进国家，保护性耕作已逐渐形成一套成熟的技术体系。在国内，保护性耕作技术在发展农机具的基础上重点开展裸露农田覆盖技术、施肥技术、茬口与轮作、品种选择与组合等农艺农机相结合综合技术。各个部门都主动打破行业的界线，坚持农机与农艺结合，不断创新和完善技术体系。在借鉴发达地区技术和经验的基础上，因地制宜，借鉴与技术创新结合，试验研究保护性耕作栽培模式和配套机具，针对具体地区的自然条件、种植制度、经济水平开展适应不同类型区、不同作物的保护性耕作技术模式、病虫草害防治方法、配套机具等方面的试验创新，逐步解决当前示范推广中的机具、植保、水肥高效利用等瓶颈问题，加快技术的组装、集成、配套和示范，支持和保障保护性耕作技术的广泛应用。

展望未来，机械化保护性耕作技术必然与精确农业、有机农业技术有机结合起来，将会成为今后发展的重点。比如，由化学除草转为非化学除草技术。重视非化学除草技术的研究，诸如机械除草、覆盖压制除草、轮作控制杂草、生物除草、臭氧除草等，建立杂草综合防控技术体系。研究将多种先进技术应用到农田除草领域。利用生物技术将 DNA 重组技术应用到生物除草剂的开发方面，通过生物技术来提高真菌除草剂的致病力及防治效果；研究利用智能化技术，建立监控农田杂草和综合治理、土壤成分改良、农田水分变化、机具作业等专家决策系统；把传感器及视觉识别技术应用到保护性耕作技术研究领域。

二、由以生态脆弱区应用保护性耕作技术为主向广大农区发展

最初保护性耕作技术起源于草原区，后来逐渐发展到农田保护性耕作，主要是少耕免耕技术，泛指保土保水的耕作措施，目的是减少农田土

壤的侵蚀，减少对土层的干扰。目前各国都在积极地研究将保护性耕作技术广泛应用于不同类型作物大片农田里，并探讨如何扩大应用区域和作物种类。根据不同地区农业地理情况和作物种植生产特点，因地制宜地推广应用保护性耕作，并与旱作农业技术进行融合，逐步形成了多种模式。对于不同地区的地理位置和作物的生长、生产条件，因地制宜地采取保护性耕作并同旱作农艺技术进行不断配合，使保护性耕作技术向不同地区推广与发展。而且，由于农业生产中具有明显的地域差异，季风降雨、气候条件、土壤类型和农田种植模式有明显的不同，为了因地制宜地合理布局进而实现农业生产，各地都在按区域研究制定完整的可持续发展技术模式，如黄土高原区、农牧交错干旱地区、东北地区以及华北地区为主的保护性耕作带的技术模式。从发展趋势看保护性耕作技术可以满足资源节约和环境友好的农业发展，符合国际农业技术发展的主要方向，也是我国可持续农业技术发展的总体方向。综合我国国情，进一步完善全国各个区域保护性耕作技术模式和技术体系提高水土保持耕作技术示范行业推广的强度，促进技术的成熟和发展，对保护和恢复生态环境、发展现代农业、实现可持续发展是非常重要的。

三、由不规范保护性耕作技术逐步向规范化、标准化方向发展

当前，各个农业发达的国家保护性耕作机具的开发与生产向专业化、复式化、大型化、产业化、智能化的方向发展。发达国家已经将保护性耕作技术与农产品质量安全、有机农业技术紧密结合，进一步提高了保护性耕作技术的规范化和标准化要求。在我国，专门从事生产保护性耕作专用机具的企业超过上百家，其中许多的大型和中型农业机具企业已经具备了较为成熟的专用机具设备的制造生产技术，保护性耕作关键机具研发制造创新有新突破。尤其在播种机研制方面，有关企业进行了技术攻关。例如，吉林康达农业机械公司研制出国内玉米免耕播种机行数最多的9行免耕播种机，率先在国内研发出窄行距三角形播种免耕播种机，成为国内玉米免耕播种机系列产品行数最全的领军企业。北京德邦大为科技股份公司研发制造的2行、4行免耕播种机在解决玉米秸秆全量还田、机具通过性等方面技术上有较大的突破。中科院长春地理研究所研发出两行条耕机，

这些产品都填补了国内保护性耕作机具的空白。在科技不断进步的时代背景下，各种电子设备性能的提高，使其具有应用于更多不良环境的能力，如高温、潮湿、振动及噪音等场合，为各种新技术应用于农业机械领域提供了客观基础。利用自动控制技术在机械除草领域传感器等电子元件的使用，也成为精细农业发展的辅助条件。随着绿色农业的发展越来越被重视，在农业机械领域，人们越来越侧重于机械式除草技术的研究，自动控制技术在农业上广泛应用，为今后保护性耕作技术向规范化、标准化、智能化发展创造条件。

四、由单一保护性耕作模式向多元化可持续技术模式方向发展

保护性耕作技术体系的几种技术是相辅相成的，只有采用整套体系才能发挥保护性耕作技术的良好的生态效益和经济效益。据资料报道，国外根据不同地区农业地理情况和作物种植生产特点，因地制宜地推广应用保护性耕作，并与旱作农业技术进行融合，逐步形成了多种模式。如美国的免耕模式、留茬耕作模式、条带垄作模式、少耕模式，加拿大的粮草轮作模式等。在国内，保护性耕作已经由当初单纯的土壤耕作技术研究开始向综合性可持续技术研究方向发展。保护性耕作免耕技术已经逐渐发展成为一种结合秸秆覆盖技术及表土处理技术，杂草、病虫害科学控制防治技术，免耕，少耕播种技术和周期性深松技术等保护性综合技术。同时，也发展了保护农田水土、增加农田有机质含量、减少能源消耗、减少土壤污染、抑制土壤盐渍化、受损农田生态系统恢复等领域的保护性技术研究。包括对农田进行少免耕、减少农田裸露、减少风蚀水蚀、保持土壤肥力、增加土层蓄水量、提高地表覆盖度、减少土壤流失量、抑制土壤侵蚀、减少温室气体的排放等生态效益研究，而且还逐步开展了农业综合社会经济效益的研究和推广。

当前，农业的发展方向正在逐渐向可持续农业方向靠拢，这是我国农业的必然发展趋势。实践证明，保护性耕作技术的实施对改善生态环境有很大的促进作用，它针对作物生长和土壤生态的转变，有的放矢地采用不同的耕作创新方式，可大大促进农业可持续发展，真正实现人与自然和谐相处、和谐发展，建设良性循环生态农业。

第三节 项目研发的基础

依托内蒙古自治区农牧业科学院、内蒙古大学、呼和浩特市得利新农机制造有限责任公司等单位的研究基础、平台条件、人才队伍、试验示范基地等科技资源，统筹安排，合理使用，确保项目顺利进行。

一、项目承担单位研究基础

（一）内蒙古自治区农牧业科学院

内蒙古自治区农牧业科学院现设有 8 个行政处室、12 个专业研究所、2 个中心和 1 个独立核算的二级单位。全院专业技术人员达 435 人。在学历上，拥有硕士以上学历的 215 人，占专业技术人员的 49%；在职称上，副高级以上的 202 人，占专业技术人员的 46%。院里拥有国家创新团队 1 个、自治区“草原英才”工程创新创业人才团队 21 个、高层次人才创新创业基地 1 个。拥有 31 个国家和自治区农作物、畜牧、草原等领域的研究中心、实验室、工作站、试验站和示范基地，主要研究领域为农作物、家畜、草原。优势学科是小麦、玉米、油用向日葵、马铃薯、甜菜、胡萝卜、小杂粮、旱作农业、肉牛、肉羊、绒山羊、动物营养、动物疫病防治、生态保护等。“十二五”期间，全院共承担各级各类科研项目 706 项，科研专项资金近 4.2 亿元，基本建设经费近 1.8 亿元，总计收入近 6 亿元，其中 2015 年全院共承担各级各类科研项目 317 项，取得的经费总额近 1.1 亿元，全院科技创新能力有了明显提升。

“十二五”期间，全院审（认）定农作物和牧草新品种 61 个，制定并发布地方标准、行业标准 60 项，获得国家专利 50 项，获得自治区科技进步三等奖以上奖励 20 项（其中国家科技进步二等奖 2 项、自治区科技进步一等奖 5 项、其他奖项 13 项），在国内外各类刊物上发表论文 729 篇。

“十一五”以来，项目申报单位在农牧交错区保护性耕作、退化农田治理、生态保育、地力提升和旱作农业等方面，先后承担科技部、农业部及自治区有关农业保护性耕作、生态修复、旱作农业等重点、重大项目 30 余项。主要研究项目和科技成果“干旱半干旱农牧交错区保护性耕作关键技术与装备的开发和应用”获 2010 年国家科学技术进步二等奖，“保护性耕作技术”获2013年国家科学技术进步二等奖，“农牧交错区旱作农田丰产高效关键技术与装备”获2014年内蒙古科技进步一等奖，“北方农牧交错风沙区农艺农机一体化可持续耕作技术创新与应用”获2015年中华农业科技奖一等奖，“农牧交错区旱作农田可持续耕作技术”获2015年中华农业科技奖一等奖，“农牧交错带农业综合发展和生态恢复重建技术体系与模式研究”获2004年自治区科技进步一等奖，“北方半干旱区集雨补灌节水农业综合技术体系集成”获2007年自治区科技进步一等奖，“农牧交错区保护性耕作及杂草综合控制的技术研究与应用”获2009年内蒙古自治区科学技术进步一等奖，“活化腐殖酸生物肥料研制与应用”获2010年自治区科技进步一等奖，“内蒙古自治区耕地保养与培肥模式”获2002年自治区科技进步二等奖，“半干旱农田草原免耕丰产高效技术”获2010年全国农牧业丰收一等奖，“阴山北麓坡耕地改造及农业综合增产技术”获2000年农业部科技进步三等奖，“内蒙古自治区等高田技术推广”获2003年农业部丰收计划一等奖，“油菜与马铃薯带状留茬间作”获2003年内蒙古农牧业厅科技承包奖，“农牧交错带防沙型带状留茬耕作技术”获2008年内蒙古丰收计划二等奖，“旱地农业保护性耕作及杂草防治的技术研究与推广”获2009年内蒙古丰收计划一等奖，“农牧交错带防沙型带状留茬耕作技术试验示范”获2009年内蒙古丰收计划二等奖。获授权和已公开国家发明专利13项、实用新型专利20余项，制定地方标准20余项。出版专著和主编著作11部、参编著作10余部，发表论文150余篇。所取得的成果在生产上得到应用，经济、社会和生态效益显著。

（二）内蒙古大学

内蒙古大学创建于1957年，是一所集教学、科研、管理于一体的综合性大学。1978年被确立为国家重点大学，1997年被列为国家“211工程”重点建设大学，2004年成为内蒙古自治区人民政府和教育部共建学校。现有4个校区，占地面积171万m^2。学校建立起了校院系三级建制、校院两级管理的管理体制，有1个博士学位授权一级学科点、19个二级学科博士学位授权点、8个硕士学位授权一级学科点、92个二级学科硕士学位授权点（含5个硕士专业学位授权点）、3个博士后流动站、59个本科专业、12个双学士学位专业。有4个国家级和2个自治区级基础科学研究和教学人才培养基地。有 8 个自治区重点学科、24 个科研机构。有 1 个省部共建国家重点实验室培育基地、9 个自治区重点实验室。

本项目具体实施单位内蒙古大学生命科学学院，现有教学科研人员 101 人。其中，正高职称 34 人、副高职称 26 人；授予博士学位 41 人、硕士学位 25 人；博士生导师 24 人、硕士生导师 34 人，有中国工程院院士 1 人、国务院学位委员会学科评议组成员 1 人、农业部科技委员会委员 1 人、教育部高等学校教学指导委员会委员 2 人、长江学者特聘教授1人。全国“新世纪百千万人才工程”人选 1 人，教育部“新世纪优秀人才支持计划”2 人，享受国家特殊津贴专家 12 人，自治区“321 人才工程”人选 4 人，自治区高等教育“111 工程”人选 5 人，国家、自治区有突出贡献的中青年专家 4 人，校内特聘教授 1 人。有 14 人次荣获国家级荣誉称号、17 人次荣获自治区级荣誉称号。

内蒙古大学生命科学学院先后承担国家科技部、农业部及自治区有关生态恢复与重建、保护性耕作等重点、重大项目 30 余项，在农牧交错区先后开展了多项研究项目，其中“干旱半干旱农牧交错区保护性耕作关键技术与装备的开发和应用”获 2010 年国家科学技术进步二等奖；“中国北方草地草畜平衡动态监测系统试验研究”获 1997 年国家科技进步二等奖；“内蒙古苔藓植物区系研究”获 1998 年教育部科技进步二等奖；“典型草原草地畜牧业优化生产模式研究”获 1998 年中国科学院科技进步三等奖；“农牧交错带生态系统恢复科技发展规划”获 2003 年内蒙古科技进步二等奖；“环境经济探索的机制与政策”获 2003 年内蒙古社科优秀成果一等奖；“农牧交错区保护性耕作及杂草综合控制的技术研究与应用”获 2009 年内蒙古自治区科学技术进步一等奖；“半干旱农田草原免耕丰产高效技术”获 2010 年全国农牧业丰收一等奖；“旱地农业保护性耕作及杂草防治的技术研究与推广”获 2009 年内蒙古丰收计划一等奖。这些技术成果实用性和可操作性较强，形成了适宜农牧交错区生态恢复与重建的技术体系。项目参加单位内蒙古大学具有与本课题相关研究的经历和良好的科研素质，并有长期从事科技示范与推广工作的基层工作经验，具备较高的创新意识与科研能力，有能力承担高层次科研任务。

（三）呼和浩特市得利新农机制造有限责任公司

呼和浩特市得利新农机制造有限责任公司成立于 1998 年（原呼和浩

特市得利新技术设备厂），是自治区专业生产农牧业机械厂家之一。2003年1月获自治区民营科技企业称号。2011年公司投资2 000万元在金山开发区购置了2 hm^2 土地，建了新厂房、车间、试验室等，并扩建风能和光伏设备生产车间，成立呼和浩特市博洋可再生能源有限公司，承担设计制造配套太阳能、风能应用（包括草原、农田风能光伏提水节能灌溉）系统设备生产、销售和出口贸易。公司建厂以来研制了多项大型农牧业机械，取得科研成果5项，获国家专利数10项。企业积极与科研院所横向联合，取得较好效果，如，与中国农大合作研制出2BM－10A型免耕播种机，特别是2BMS－9A型小麦免耕播种机进入农业部首推目录，在8个部试验区推广，受到广泛好评，为自治区农机事业争了光；研制的系列马铃薯播种机、马铃薯收获机、中耕培土机、打秧机、风力发电、太阳能发电设备等产品在内蒙古、甘肃、陕西、河北等地批量销售，受到用户的广泛认可，使公司的知名度大大提高，成为自治区农机制造的龙头企业。企业一贯坚持“科学技术是第一生产力”的发展纲领，加大科技投入，吸引科技人才，重点研制科技含量高、附加值高的产品。企业销售效益逐年翻番，2011年企业销售额3 000多万元，利税300多万元。目前，企业已形成一定规模的农牧业机械生产能力，成为免耕播种机械和大型马铃薯机械的专业研发和生产企业。2018年取得企业研究开发中心和高新技术企业称号。

二、平台基础

项目承担单位拥有内蒙古保护性农业研究中心、内蒙古保护性耕作工程技术研究中心、国家北方山区工程技术研究中心农牧交错区生态修复基地、国家引进国外智力成果示范推广基地、内蒙古自治区引进国外智力成果示范推广基地、中加栽培生理与生态实验室、中澳植物资源与栽培联合实验室、农业部农牧交错带生态环境重点野外科学观察试验站、国家北方山区工程技术研究中心农牧交错带生态修复基地、内蒙古自治区旱作农业重点实验室、生物技术研究中心、农业部农产品质量检测中心等科研平台，拥有一批国内领先的科研仪器设备，具备了开展农牧业高新技术研究的条件。内蒙古农牧业科学院资源环境与检测技术研究所拥有内蒙古最大的环境质量和农产品质量检测检验中心，具备对农业环境200多个产品 300 多个参数的检验能力，可以保障项目各项理化、生物性状的准确监测。在武川县建有 30 多年的旱作农业试验站，已成为“内蒙古旱作农业重点实验室”、农业部“农牧交错带生态环境重点野外科学观测试验站”，为开展本项目的研究与应用工作提供了重要研究基础和平台条件。

三、项目的成果基础

项目团队成员与本项目有关的研究成果如下：

（一）科技项目

“十二五”以来，团队承担的主要项目有：2010 年 8 月至 2014 年 12 月，国家公益性行业科研专项“内蒙古阴山北麓风沙区抗旱补水播种保苗综合技术研究与示范”项目；2010 年 1 月至 2012 年 12 月，内蒙古财政厅开发办“保护性耕作玉米、小麦田间杂草综合控制技术区域示范与推广”土地治理项目；2011 年 1 月至 2015 年 12 月，国家现代农业产业技术体系“国家棉花产业技术体系试验研究项目”项目；2011 年 1 月至 2012 年 12 月，内蒙古科技计划“旱作农业与农业节水技术研究与示范——旱作农业节水技术集成与示范”项目；2012 年 1 月至 2016 年 12 月，“十二五”国家科技支撑“风沙半干旱区防蚀增效旱作农业技术集成与示范”项目；2012 年 1—12 月，“十二五”内蒙古科技计划“旱作农业与农业节水技术研究与示范”项目；2012 年 1—12 月，“十二五”内蒙古创新基金“干旱农区农牧业可持续发展技术集成研究”项目；2012 年 1 月至 2015 年 12 月，国家自然科学基金“抗旱保水材料蓄水保墒生态机制研究”；2013 年 1—12 月，内蒙古农牧业科技推广示范“小麦、玉米高产高效生产技术推广示范”项目；2014 年 6 月至 2016 年 6 月，国家科技成果转化资金“农牧交错风沙区抗旱补水播种保苗关键技术与装备中试与示范”项目；2015 年 1 月至 2017 年 12 月，内蒙古科技计划项目“旱作农业关键技术研究与集成示范”项目；2015 年 1 月至 2016 年 12 月，国家星火计划“马铃薯抗旱节水丰产高效关键技术与装备的示范”项目；2016 年 1 月至 2018 年 12 月，内蒙古科技计划“农田轮作休耕可持续耕作关键技术研究与示范”项目；2016 年 1 月至 2017 年 12 月，内蒙古农牧业科技推广示范项目“秸秆留茬覆盖免少耕农田地力恢复与丰产技术示范推广”项目；等等。

(二) 科技奖励成果

“十一五”以来，团队获得的主要科技奖励成果有：2010年，“干旱半干旱农牧交错区保护性耕作关键技术与装备的开发和应用”获国家科学技术进步二等奖；2013年，“保护性耕作技术”获国家科学技术进步二等奖；2008年，“农牧交错区保护性耕作及杂草综合控制技术研究与应用”，获内蒙古科学技术进步一等奖；2014年，“农牧交错区旱作农田丰产高效关键技术与装备”获内蒙古科学技术进步一等奖；2015年，“北方农牧交错风沙区农艺农机一体化可持续耕作技术创新与应用”获中华农业科技一等奖；2015年，“农牧交错区旱作农田可持续耕作技术”获中华农业科技一等奖；2010年，“半干旱农田草原丰产高效技术”获全国农牧渔业丰收计划一等奖；2014年，“保护性耕作综合配套技术与装备”获内蒙古丰收计划一等奖；2016年，“农牧交错区可持续耕作技术创新与应用”，获内蒙古职工优秀技术创新成果一等奖；等等。

(三) 科技鉴定成果

“十二五”以来，团队主要科技鉴定成果有：“北方农牧交错风沙区农艺农机一体化可持续耕作技术创新与应用”（中农（评价）字［2014］第92号）；“农牧交错风沙区抗旱补水播种保苗关键技术与装备”科学技术成果鉴定证书（内科鉴字［2013］第35号）；“农牧交错区秸秆覆盖（留茬）地免少耕节水丰产耕种技术”科学技术成果鉴定证书（内科鉴字［2013］第68号）；“保护性耕作农田丰产高效杂草综合控制技术”2011年通过内蒙古科技厅组织的鉴定（内科鉴字［2011］第42号）；其他成果多项。

(四) 科技成果推广鉴定报告

“十二五”以来，团队主要科技成果推广鉴定报告有：“2BM-10型小麦/玉米/杂粮免耕播种机”推广鉴定报告（NO（2010）NTJ018），“2BMS-9A型免耕松土播种机”推广鉴定报告（NO（2010）NTJ017）等。

（五）农业机械推广鉴定证书

“十二五”以来，团队主要农业机械推广鉴定证书有“2BM－10 型小麦/玉米/杂粮免耕播种机”推广鉴定证书、“2BMS－9A 型免耕松土播种机”推广鉴定证书等。

（六）国家专利

“十二五”以来，团队授权的主要国家专利有 40 余件。

1. 授权国家发明专利

一种保护性耕作小麦田复配除草剂（ZL201310058261.4），一种保护性耕作恶性杂草除草剂的制备方法（ZL201310053023.4），一种保护性耕作玉米田复配除草剂（ZL201310052986.2），一种保护性耕作苗前除草用复配剂的制备方法（ZL201310052990.9），一种用于旱地抗旱播种的联合机组（ZL201310359672.7），高垄垄侧双行覆膜滴灌种植方法及专用播种机（ZL201310364429.4），起垄覆膜播种机（ZL201310364430.7），一种用于免耕播种的杂粮播种机（ZL201310359014.8），一种用于马铃薯播种机的可调式起垄刮板器（ZL201511001026.9）。

2. 授权国家实用新型专利

免耕半精量播种机（ZL201320503666.X），播种机用双薯勺取种（ZL201320509423.7），马铃薯垄膜沟植播种联合机组（ZL201320503545.5），一种深松机用新型深松铲（ZL201420176989.7），马铃薯起垄覆膜播种机（ZL201320509157.8），一种播种机用镇压机构（ZL201420407367.0），马铃薯播种起垄联合作业机（ZL201100296246.X），马铃薯施肥播种铺膜联合作业机（ZL201120296250.6），覆膜播种联合机组两工位可折叠机架及联合作业机组（ZL201320502875.2），起垄覆膜播种机用起垄整形器（ZL201320509212.3），马铃薯收获机的分选机构（ZL201420177197.1），种肥开沟器(ZL201420407326.1)，一种地轮驱动排肥机构(ZL201420407356.2)，一种马铃薯播种与喷药联合作业机（ZL201721204418.X），一种田间作业挖掘机用集条压垄器（ZL201521108511.1），双层抖动链马铃薯收获机(ZL201520068579.5)，一种用于马铃薯播种机的新型取种器(ZL201521108459.X)，一种田间作业播种机用圆盘可调式起垄器（ZL201521108499.4），一种新型马铃薯挖掘机尾筛装置（ZL201720775944.5），一种免耕播种机用的新型凿式开沟器（ZL201721177372.7），一种新型农田用石块捡拾机（ZL201721223251.1），一种块根类作物收获机（ZL201721229023.5），一种新型肥料与种子装载机（ZL201721253784.4），一种多向可调式地膜圆盘覆土机构（ZL201721308718.2），新型可调式起垄成形机（ZL201721308720.X），一种马铃薯收获机前置收拢装置（ZL201721308719.7），一种播种机用新型起垄整形装置（ZL201521108496.0），一种块根类作物打叶机（ZL201721229021.6），一种棉花半精量播种机上用的分层施肥机构（ZL201620375794.4），棉花中耕施肥机（ZL201721204420.7）。

（七）著作

"十二五"以来，团队出版的主要著作有：路战远著，《中国北方农牧交错带生态农业产业化发展研究》（ISBN 978－7－109－22019－5），中国农业出版社，2016年10月；路战远、张德健、李洪文主编，《保护性耕作玉米小麦田间杂草防除》（ISBN 978－7－80595－090－7），远方出版社，2010年6月；张德健、路战远编著，《保护性耕作农田杂草综合控制》（ISBN 978－7－81115－886－1），内蒙古大学出版社，2010年10月；路战远、程国彦、张德健主编，《农牧交错区保护性耕作技术》（蒙汉对照）（ISBN 978－7－110－07592－0/S.484），科学普及出版社，2010年10月；王玉芬、张德健、路战远编著，《保护性耕作大豆田间杂草防除》（ISBN 978－7－5665－0417－3），内蒙古大学出版社，2013年8月；何进、路战远主编，《保护性耕作技术》（ISBN 978－7－110－07608－8），科学普及出版社，2009年6月；路战远参编，《中国保护性耕作制》（ISBN 978－7－5655－0258－3），中国农业大学出版社，2010年12月；路战远、张德健参编，《农牧交错区风沙区保护性耕作研究》（ISBN 978－7－109－14946－5），中国农业出版社，2010年8月；等等。

（八）论文

"十二五"以来，团队发表的主要论文有：Zhan Yan Lu，"Based on the context of globalization Study on Regional Sustainable Development－A Case Study in Inner Mongolia. Journal of Agriculture"，Journal of Agriculture，Biotechnology and Ecology，2010－06；Zhan Yan Lu，"Effects of Mixed Salt Stress on germination percentage and Protection System of Oat

Seedling", Advance Journal of Food Science and Technology, 2013－10; Zhan Yan Lu, "Absorption and Accumulation of Heavy Metal Pollutants in Roadside Soil－Plant Systems", Risk Assessment, 2011－12; Dejian Zhang, Zhanyan Lu, Xuming Ma, "A Study on Existing Questions and Policies of Weeds Control in Conservation Wheat, Maize and Soybean Fields", Collection of Extent Abstracts, 2004－11；路战远等，《基于生态效率的区域资源环境绩效特征》，《中国人口·资源与环境》，2010 年 10 月；路战远等，《全球生态赤字背景下的内蒙古生态承载力与发展力研究》，《内蒙古社会科学》，2010 年 11 月；路战远、张德健等，《不同耕作措施对玉米产量和土壤理化性质的影响》，《中国农学通报》，2014 年 12 月；路战远、张德健等，《不同耕作条件下玉米光合特性的差异》，《华北农学报》，2014 年 4 月；路战远、张德健等，《农牧交错区保护性耕作玉米田杂草发生规律及防除技术》，《河南农业科学》，2007 年 12 月；路战远、张德健等，《保护性耕作燕麦田杂草综合控制研究》，《干旱地区农业研究》，2014 年 8 月；路战远、张德健等，《内蒙古保护性耕作技术发展现状和有关问题的思考》，《内蒙古农业科技》，2009 年 6 月；王玉芬、路战远、张向前、张德健等，《化学除草剂对保护性耕作大豆田杂草防除的影响》，《大豆科学》，2013 年 8 月；王玉芬、张德健、路战远等，《阴山北麓性耕作油菜田间杂草控制试验》，《山西农业科学》，2011 年 5 月；张德健、路战远、王玉芬等，《农牧交错区保护性耕作油菜田间杂草发生规律及防控技术研究》，《河南农业科学》，2009 年 8 月；张德健、路战远等，《农牧交错区保护性耕作小麦田间杂草发生规律及控制技术》，《安徽农业科学》，2008 年 4 月。其他论文 50 余篇。

（九）制定地方标准

春小麦保护性耕作节水丰产栽培技术规程（DB15/T 1182—2017），内蒙古东部玉米保护性耕作节水丰产栽培技术规程（DB15/T 1181—2017），大兴安岭南麓大豆保护性耕作丰产栽培技术规程（DB15/T 1184—2017），大兴安岭沿麓甘蓝型油菜保护性耕作丰产栽培技术规程（DB15/T 1183—2017），阴山北麓芥菜型油菜保护性耕作丰产栽培技术规程（DB15/T 1180—2017），阴山北麓保护性耕作芥菜型油菜田杂草综合控制技术规范（DB15/T 578—2013），西辽河流域保护性耕作玉米田杂草综合控制技术规范（DB15/T 579—2013），嫩江流域保护性耕作大豆田杂草综合控制技术规范（DB15/T 580—2013），农牧交错区保护性耕作小麦田杂草综合控制技术规范（DB15/T 581—2013），嫩江流域保护性耕作甘蓝型油菜田杂草综合控制技术规范（DB15/T 582—2013），阴山北麓保护性耕作燕麦田杂草综合控制技术规范（DB15/T 583—2013）。

第三章 研究开发目标、内容、技术难点和创新点

第一节 研究开发目标

针对内蒙古旱作农田风蚀沙化、干旱缺水、土壤退化和保护性耕作农田作物产量低而不稳等突出问题，开展以固土减尘、蓄水保墒、抗旱节水、增产增效为核心的保护性耕作丰产高效技术研究与示范，充分发挥保护性耕作整体效益，实现保护性耕作丰产高效目标，持续提高旱作农田综合生产能力，为促进农业增产增效、农民增收和生态环境改善提供技术支撑。具体目标如下：

（1）建立保护性耕作玉米、小麦核心示范区各1个，示范推广保护性耕作节水丰产高效技术20万亩。

（2）示范区粮食平均单产提高8%～12%，平均节支15%以上。

（3）增加播前含水量1.2～1.8个百分点，节水10%～15%。

（4）年增加有机质含量0.04%～0.06%，减少农田风蚀量35%～65%。

（5）保护性耕作大豆田阔叶杂草防除率达到70%～80%，禾本科杂草防除率达到90%～95%；燕麦田阔叶杂草防除率达到90%以上，禾本科杂草防除率达到80%～85%；玉米田间阔叶杂草防除率达到了90%以上，禾本科杂草防除率达到75%～85%；小麦田间阔叶杂草和禾本科杂草防除率达到85%～90%；油菜田阔叶杂草防除率达到70%～80%，禾本科杂草防除率达到90%～95%。

（6）完成技术成果1～2项，制定技术规程或标准2～3项，发表论文2～3篇。

（7）培养保护性耕作技术骨干20人左右，培训基层技术人员100人次以上，培训农民300人次以上，形成农牧交错区保护性耕作技术创新队伍。

第二节　研究开发内容

根据项目区生态与生产条件和项目的目标与任务，拟从基础理论研究、关键技术突破和区域丰产高效技术模式创新三个方面开展研究。

一、基础理论研究

（一）旱作农田保护性耕作对作物生长发育及产量影响研究

系统研究保护性耕作对土壤理化性状及微生物等关键因子和玉米、小麦等作物不同生育时期生长发育与产量的影响，为作物丰产高效提供理论依据。

（二）旱作保护性耕作农田杂草发生与危害规律研究

根据保护性耕作农田杂草的发生的特点与生长习性，研究明确保护性耕作农田杂草发生与危害规律，为进行杂草综合防控提供依据。

（三）旱作保护性耕作农田水分运移和作物需肥规律研究

研究保护性耕作农田水分运移规律和作物需肥规律，制定适宜不同区域保护性耕作条件下的补水与施肥制度。

二、关键技术创新

（一）旱作农田免耕播种抗旱保苗技术研究

针对春季干旱，作物出苗困难、易出现缺苗断垄等问题，研究带水播种或坐水点种、种子抗旱处理制剂、免耕播种机具对作物出苗的影响，明确土壤水分与作物出苗率间的相互关系，形成作物免耕播种保苗技术。

（二）旱作保护性耕作农田杂草综合防控技术研究

针对保护性耕作农田的杂草危害问题，研究化学、机械、生物等方法的除草效果，形成以轮作为基础，化学、机械、生物除草相结合的杂草综合防控技术。

（三）旱作保护性耕作农田作物水肥调控技术研究

针对干旱、缺水、养分供应不足与肥料利用率低等问题，根据保护性耕作农田水分运移和作物需肥规律，研究形成适宜不同区域保护性耕作农田补水与施肥的水肥调控技术。

（四）旱作农田保护性耕作关键装备的选型与改进

针对不同作物与作业环节的保护性耕作机具不配套问题，在免耕播种、深松、杂草防除、中耕施肥、药剂喷洒、作物收获等关键环节对保护性耕作机具进行选型与改进，总结形成保护性耕作机械作业技术规范。

三、技术集成创新

（一）旱作农田保护性耕作技术模式研究

1. 小麦免耕留高茬轮作防风抗旱保苗保护性耕作技术模式

针对春季风大毁苗问题，重点研究以麦类与油菜轮作、留高茬、免耕播种等技术为核心的防风保苗技术及配套机械与水肥调控高产技术集成创新，测定该模式防风、保苗、保土保水与增产技术效果，制定其技术规程。

2. 小麦固定道保护性耕作技术模式

针对保护性耕作作业机械轮胎碾压引起土壤紧实问题，重点研究固定道机械配套、免耕保苗、水肥调控等丰产高效技术集成创新，研究分析该种植模式的土壤理化性状、微生物、作物生长和边际效应，制定其技术规程。

（二）灌区保护性耕作技术模式研究

1. 玉米宽窄行留高茬轮种保护性耕作技术模式

针对传统垄作耕层蓄水保墒差、冠层通风透光不良、肥料利用率低等问题，开展以玉米宽窄行留高茬、轮种深松、水肥调控、杂草防控等技术集成创新，形成玉米宽窄行留高茬轮种技术模式。

2. 玉米垄作轮耕全程机械化保护性耕作技术模式

针对传统耕作能源消耗大、劳动力成本高与生产效率低等突出问题，开展以少、免、松等轮耕措施为重点，免耕播种、中耕、施肥、除草、收获等环节的全部采用机械化作业，形成玉米垄作轮耕全程机械化保护性耕作技术模式。

第三节　项目技术难点和创新点

一、解决的主要技术难点和问题

农牧交错区严重的风蚀沙化、干旱缺水、农田退化，制约了农牧业生产和区域经济发展，如何通过保护性耕作技术控制风蚀、合理利用降水和地下水资源，如何通过水肥调控提高土壤肥力和水肥利用率，研究推广保护性耕作丰产高效技术，是促进我区农业生产发展和改善生态环境的关键所在。

（一）旱作保护性耕作农田杂草发生与危害严重，研究周期长、难度大

保护性耕作农田杂草的发生与危害，有其自身的特点与规律，较传统农田杂草危害加重，导致部分农田作物减产。研究明确保护性耕作农田杂草发生与危害规律，研究周期长、杂草种类多、区域差别大，给研究带来很大困难。

（二）旱作保护性耕作水肥调控技术复杂，难度大

研究保护性耕作农田水分运移规律和作物需肥规律，制定适宜不同区域保护性耕作条件下的补水与施肥制度，研究难度较大。

（三）旱作农田留茬免耕播种与抗旱保苗技术涉及因素多，实现难

作物留茬越冬后的免耕播种与一次性全苗问题，是作物留茬覆盖的关键技术难点之一，常规农艺措施与常规机具难以实现。

（四）旱作农田保护性耕作农机、农艺技术结合难

保护性耕作是农机与农艺一体化综合技术，现行体制下农机与农艺部门分设、产学研条块分割，导致农机与农艺技术结合难，技术应用推

广难。

二、课题研究的创新点

（一）关键技术创新

包括：①创新免耕播种抗旱保苗技术；②创新保护性耕作农田杂草综合防控技术；③创新保护性耕作农田水肥调控技术；④创新保护性耕作机械选型与改进等关键技术。

（二）技术集成创新

包括：①形成旱作农业保护性耕作小麦田丰产高效技术模式；②形成灌溉农业保护性耕作玉米田丰产高效技术模式。

第四章

试验材料与研究方法

第一节　试验区概况

一、赤峰市喀喇沁旗乃林镇试验区

乃林镇地理位置为东经 119°12′～119°19′、北纬 41°50′～41°59′，总面积 1.4 万 hm^2，平均海拔高度 510 m 左右，地貌类型东南部属河谷平川区、西北部属浅山丘陵区，地势西高东低。具有显著的北温带干旱半干旱大陆性季风气候，年日照时数 2 900～3 000 h，年平均降水量 400 mm 左右，年平均气温 6.7 ℃，日最高气温 39 ℃，最低气温－30 ℃，≥10 ℃的有效积温为 2 900～3 100 ℃，无霜期 130～145 d，最大冻土深 1.7 m。春季风大雨少，气候干旱；夏季高温多雨，降水集中；秋季气温急降，降水减少；冬季寒冷少雪，寒流频繁。总体呈现少雨多风，水旱灾害频繁的特点。土壤类型以褐土为主，土层深厚，种植作物主要有玉米、高粱、谷子、烤烟、蔬菜等，是喀喇沁旗的主要产粮区。

二、呼伦贝尔市甘河农场（中德现代化示范农场）试验区

呼伦贝尔市甘河农场地理位置为东经 124°18′～124°54′、北纬 49°9′～49°22′，海拔高度 220.0～451.1 m。气候属寒温带大陆半湿润气候区，年平均气温 0～0.3 ℃，年平均降水量 460～500 mm，年平均日照时数 2 270 h，年有效积温 1 900～2 100 ℃，无霜期 105～125 d。农作物一年一熟，适宜种植小麦、大豆、玉米和杂粮。

三、呼伦贝尔市阿荣旗查巴奇鄂温克族乡试验区

查巴奇鄂温克族乡地理位置为东经 123°01′～123°53′、北纬 48°30′～

49°02′，北依绵延大兴安岭，属于温带大陆性半湿润气候，湿润气候，由于受地势及植被的不同影响，温度自南向北逐渐递减，年均气温 1.7 ℃。最冷是 1 月，月平均气温−20.1 ℃。年极端最高气温 38.5 ℃，极端最低气温−39.8 ℃，年有效积温 2 394.1 ℃。全年日照时数 2 750～2 850 h。年平均降水量 458.4 mm，主要集中在 6—8 月，占全年降水量的 70%，年均蒸发量 1 455.3 mm。年平均风速 3.4 m/s，主导风向为西北风。大部分地区 9 月中旬出现早霜，无霜期 90～130 d。主要农作物有大豆、玉米、马铃薯、向日葵、水稻、白瓜子、甜菜、小杂粮等。

四、通辽市科尔沁区莫力庙苏木试验区

莫力庙苏木地理位置为北纬 43°31′、东经 121°48′，海拔 220 m，全苏木总土地面积 1.7 万 hm^2，年平均气温为 5.8 ℃，农耕期≥220 d，日平均气温稳定在 5 ℃以上的作物生长期≥ 190 d，日平均气温稳定在 10 ℃以上的作物生长活跃期≥ 160 d。平均无霜期 142 d 左右。年平均日照时数≥2 967 h，年降水≥ 350 mm。

五、呼和浩特市武川县上秃亥乡试验区

上秃亥乡地处阴山北麓丘陵区，地理位置为东经 111°18′、北纬 41°11′。中温带大陆型季风气候，春季干旱多风沙，降雨集中在夏季，年降雨量 200～350 mm，无霜期 110～120 d，年平均气温 3.3 ℃。土壤为栗钙土，质地偏沙，易受侵蚀。

第二节　试验材料

一、供试作物品种

（一）旱作保护性耕作丰产高效技术

供试小麦品种：垦九 10 号（黑龙江九三局克山种业）。
供试玉米品种：京单 128（北京华农伟业种子科技有限公司）。
供试燕麦品种：燕科 1 号（内蒙古农牧业科学院选育）。

（二）旱作保护性耕作丰产高效技术及杂草综合防除技术

供试芥菜型油菜品种：大黄油菜籽（内蒙古农牧业科学院提供）。

供试甘蓝型油菜品种：华协 1 号（华中农业大学选育）。

供试大豆品种：华疆 7734（华疆科研所培育）。

二、供试肥料

供试肥料：尿素（N46%，山东鲁西化肥厂），磷酸二铵（$P_2O_5$46%、N18%，云天化集团），50%硫酸钾（云天化集团），复合肥（N18%、$P_2O_5$16%、K_2O13%，云天化集团），重过磷酸钙（$P_2O_5$40%～50%，衢州金雄钙业有限公司）。

三、供试除草剂

综合国内外农田杂草防治药剂的应用和国家有关政策，优化筛选了目前生产上除草效果好、残留少、价格较低的除草剂作为试验用药。

75%苯磺隆干燥悬浮剂（商品名巨星，美国杜邦公司）、72%2,4－D丁酯乳油（大连松辽化工公司）、22.5%溴苯腈乳油（商品名伴地农，德国拜耳作物科学公司）、13%2 甲 4 氯钠水剂（佳木斯农药化工有限公司）、10%苯磺隆可湿性粉剂（商品名阔草枯，浙江禾本农药化学有限公司）、10%抑阔宁可湿性粉剂（江苏苏科实验农药厂）、15%阔莠克可湿性粉剂（江苏苏科实验农药厂）、41%草甘膦水剂（孟山都有限公司）、5%精喹禾灵（佳木斯农药三厂）、48%苯达松（沈阳化工研究院）、25%氟磺胺草醚（佳木斯农药三厂）、20.8%氟胺·烯禾啶乳油（青岛海利尔药业有限公司）、81%乙·噻·滴丁酯乳油（黑龙江科润生物科技有限公司）、60%乙·嗪·滴丁酯乳油（哈尔滨利民农化技术有限公司）、50%扑·乙·滴丁酯乳油（佳木斯黑龙农药华工股份有限公司）、18%松·喹·氟磺胺乳油（安徽丰乐农化有限责任公司）、35%松·喹·氟磺胺乳油（安徽丰乐农化有限责任公司）、50%乙草胺乳油（吉林市世纪农药厂）、38%莠去津悬浮剂（营口三征农药厂）、4%烟嘧磺隆悬浮剂（安徽华兴化工股份有限公司）、72%精异丙甲草胺乳油（商品名都尔，先正达投资公司上海分公司)、40%利草净悬浮剂(山东大成农药股份有限公司)、40%燕麦畏可湿性粉剂(兰州农药厂)、6.9%精噁唑禾草灵乳油(商品名骠马,德国拜耳公司)、48%氟乐灵乳剂(江苏丰山集团有限公司)、12.5%烯禾啶乳油(商品名拿捕净,日本曹达株式会社)、10.8%高效氟吡甲禾灵乳油(商品名高效盖草能,美国陶氏益农公司)、15%精吡氟禾草灵乳油(浙江金牛农业有限公司)、50%扑草净可湿性粉剂(浙江长兴化工有限公司)、50%草除灵悬浮剂(商品名高特克,德国拜耳公司)、75%二氯吡啶酸可溶粒剂(商品名龙拳,美国陶氏益农公司)31 种除草剂。

四、供试机具

综合国内外农田除草机具的应用,优化选择了目前生产上适合大面积作业和除草效果好的机械为试验机具。

武川县试验区机械除草选用了 IST-5 型深松机(内蒙古农大机械厂),配套动力 654 拖拉机等;弹性翼铲式全方位浅松机(加拿大产)、3CCS-3.1 型少耕除草机(中国农业大学 948 项目研制),配套动力 654 拖拉机;200Z4/8A 型旋播机(西安旋播机厂),配套动力 604 拖拉机;3ZF-1.2 型多功能中耕除草机(巴盟西小召农机修造厂),配套动力 15 马力以上拖拉机;2BM-9 型免耕播种机(内蒙古农大机械厂),配套动力 604 拖拉机。

科尔沁区试验区机械除草选用了耘锄(通辽农具厂生产)、1GQN-200S 旋耕机(连云港旋耕机厂生产)、SGTNB-180Z4/8A8 旋播机(西安旋播机厂生产)、2BG-6D 型中耕机(通辽富华机械厂生产)、1SZF-3 型深松中耕机(通辽光明机械厂生产)、1SND-140 型悬挂深松中耕机(河北保定机械厂生产),主机选用铁牛-654 拖拉机(迪尔·天拖生产)、KM304 拖拉机(山东拖拉机厂生产);小麦田机械除草选用了 1QG-120 型(商都牧机厂生产)、1US-5 型全方位浅松机(内蒙古农大机械厂生产),200Z4/8A8 型旋播机(西安旋播机厂生产)、3ZF-1.2 型多功能除草机(巴彦淖尔市生产),主机选用 JDT-654 拖拉机(天津拖拉机厂生产)、JDT-600 拖拉机(天津拖拉机厂生产)、20 马力小型拖拉机(石家庄拖拉机厂生产)。

呼伦贝尔市试验区机械除草选用了苏式全方位浅松机(俄罗斯产)、

ZBMG型油菜免耕播种机（中国农科院）、油菜拔除机（哈达图农牧厂）、油菜中耕机（哈达图农牧厂），主机选用JDT－654拖拉机（天津拖拉机厂生产）、20马力小型拖拉机（石家庄拖拉机厂生产）。

第三节 试验方法

一、试验设计

（一）保护性耕作对作物生长发育规律及产量影响研究

玉米试验： 共设机械免耕播种、旋耕常规播种、深松常规播种、传统翻耕（ck）4个处理，重复3次，共12个小区，每小区面积为60 m²，随机排列。每亩施磷酸二铵20 kg，尿素4 kg做种肥，硫酸钾6 kg，行距50 cm，在拔节期每亩追施尿素30 kg。田间管理同大田。

小麦试验： 共设机械免耕播种、重耙常规播种、传统翻耕播种（ck）3个处理，重复3次，共9个小区，每小区面积为60 m²，随机排列。每亩施磷酸二铵15 kg、尿素3 kg、硫酸钾5 kg做种肥，行距15 cm。田间管理同大田。

燕麦试验： 在秸秆还田条件下共设机械免耕播种（NTS）、旋耕常规播种（XTS）、深松常规播种（STS）、传统翻耕常规播种（CTS）4个处理。重复3次，共15个小区，小区面积为220 m²，随机排列。田间管理同大田。

（二）保护性耕作农田作物水分运移规律、作物需肥规律及水肥调控技术研究

1. 保护性耕作农田作物需肥规律研究

保护性耕作玉米田试验共设机械免耕播种、传统翻耕（ck）两个主处理，不同施肥量14个，共28个处理，重复3次，共84个小区，每小区面积为30 m²，随机排列。行距50 cm。田间管理同大田。试验设计见表4－1。

表4－1 玉米“3414”试验小区施肥处理表

试验编号	处 理	N	P	K
1	$N_0P_2K_2$	0	0.324	0.135
2	$N_1P_2K_2$	0.258 5	0.324	0.135

（续）

试验编号	处　理	N	P	K
3	$N_3P_2K_2$	0.775 5	0.324	0.135
4	$N_2P_2K_2$	0.517	0.324	0.135
5	$N_2P_0K_2$	0.517	0	0.135
6	$N_2P_1K_2$	0.517	0.162	0.135
7	$N_2P_3K_2$	0.517	0.324	0.135
8	$N_0P_0K_0$	0	0	0
9	$N_2P_2K_0$	0.517	0.324	0
10	$N_2P_2K_1$	0.517	0.324	0.067 5
11	$N_1P_2K_3$	0.258 5	0.324	0.202 5
12	$N_1P_2K_1$	0.258 5	0.324	0.067 5
13	$N_2P_1K_2$	0.517	0.162	0.135
14	$N_2P_1K_1$	0.517	0.162	0.067 5

保护性耕作小麦田试验共设机械免耕播种、传统翻耕（ck）两个主处理，不同施肥量 14 个复处理，共 28 个处理，重复 3 次，共 84 个小区，每小区面积为 30 m^2，随机排列。行距 15 cm。田间管理同大田。试验设计见表 4－2。

表 4－2　小麦“3414”试验小区施肥处理表

试验编号	处　理	N	P	K	M_0
1	$N_0P_0K_0$	0	0	0	0
2	$N_0P_2K_2$	5.0	5.0	0	0
3	$N_1P_2K_2$	5.0	5.0	2.0	0
4	$N_2P_0K_2$	5.0	0	4.0	0
5	$N_2P_1K_2$	5.0	2.5	4.0	0
6	$N_2P_2K_2$	5.0	5.0	4.0	0
7	$N_2P_3K_2$	5.0	7.5	4.0	0
8	$N_2P_2K_0$	0	5.0	4.0	0
9	$N_2P_2K_1$	2.5	5.0	4.0	0
10	$N_2P_2K_3$	7.5	5.0	4.0	0
11	$N_3P_2K_2$	5.0	5.0	6.0	0
12	$N_1P_1K_2$	5.0	2.5	2.0	0
13	$N_1P_2K_1$	2.5	5.0	2.0	0
14	$N_2P_1K_1$	2.5	2.5	4.0	0
15	$N_2P_2K_2+M_0$	5.0	5.0	4.0	0.05%

燕麦：试验共设常规肥料处理、缓释肥处理、常规肥料与缓释肥混用处理以及不施肥处理等7个处理。重复3次，小区面积220 m^2。除肥料施用量不同外，其他管理同大田。试验设计处理见表4-3。

表4-3　不同肥料用量对燕麦生长发育规律和产量的影响试验处理

处理	肥料有效成分	ck	NPK	T2	T1	T+PK	T+NPK1	T+NPK2
尿素N	N	0	6	0	0	0	5.5	4
磷酸二铵P	P_2O_5	0	12	0	0	9.9	12	9
硫酸钾K	K_2O	0	6	0	0	9.1	11	8
缓释肥（27-9-9）T	N-P_2O_5-K_2O	0	0	40	25	16	5	10

2. 保护性耕作农田水分运移规律研究

保护性耕作玉米田试验共设机械免耕播种、旋耕常规播种、深松常规播种、传统翻耕（ck）4个主处理，灌水量90 m^3/亩（拔节期灌水50 m^3、抽雄期灌水40 m^3）、130 m^3/亩（拔节期灌水50 m^3、大喇叭口期灌水50 m^3、开花期灌水30 m^3）、170 m^3/亩（拔节期灌水60 m^3、大喇叭口期灌水60 m^3、开花期灌水50 m^3）、210 m^3/亩（拔节期灌水70 m^3、大喇叭口期灌水50 m^3、开花期灌水60 m^3、灌浆期灌水30 m^3）和250 m^3/亩（拔节期灌水70 m^3、小喇叭口期—大喇叭口期灌水60 m^3、抽雄—开花期灌水70 m^3、灌浆期灌水50 m^3）5个副处理，共20个处理，重复3次，共60个小区，每小区面积为30 m^2，随机排列。行距50 cm，每亩施磷酸二铵20 kg、尿素4 kg做种肥，行距50 cm，在拔节期每亩追施尿素30 kg。田间管理同大田。

保护性耕作小麦田试验共设机械免耕播种、重耙常规播种、传统翻耕播种（ck）3个主处理，灌水量60 m^3/亩（拔节期灌水60 m^3）、90 m^3/亩（拔节期灌水50 m^3、抽穗—开花期灌水40 m^3）、120 m^3/亩（拔节期灌水40 m^3、抽穗期灌水40 m^3、开花—灌浆期灌水40 m^3）、150 m^3/亩（拔节期灌水50 m^3、抽穗期灌水50 m^3、开花—灌浆期灌水50 m^3）和180 m^3/亩（拔节期灌水50 m^3、抽穗期灌水50 m^3、开花期灌水50 m^3、灌浆期灌水30 m^3）5个复处理，共15个处理，重复3次，共45个小区，每小区面积为30 m^2，随机排列。每亩施磷酸二铵15 kg，尿素3 kg，硫酸钾5 kg做种肥，行距15 cm，田间管理同大田。

（三）保护性耕作农田杂草发生与危害规律研究

杂草的发生与危害调查采用定点观察与踏查相结合，定点观察随机选取5点进行田间杂草取样调查，取样面积为0.25 m^2，记录田间杂草发生的种类和数量，并测定记录所取样方内的杂草地上部分生物总量。

（四）保护性耕作农田免耕播种抗旱保苗技术研究

保护性耕作玉米田补水量试验共设0 ml/穴、100 ml/穴、200 ml/穴、300 ml/穴4个处理，重复3次，共12个小区，每小区面积为60 m^2，随机排列。每亩施磷酸二铵20 kg、尿素4 kg做种肥，行距50 cm，在拔节期每亩追施尿素30 kg。田间管理同大田。

保护性耕作小麦田保水剂试验选择生产中用量较大的农用保水剂法国爱森公司1号，试验共设0 kg/亩（ck）、1 kg/亩、3 kg/亩、5 kg/亩4个处理，重复3次，共12个小区，每小区面积为60 m^2，随机排列。每亩施磷酸二铵15 kg、尿素3 kg、硫酸钾5 kg做种肥，行距20 cm。田间管理同大田。田间调查出苗率、产量效果，明确免耕条件下保水剂的最佳使用量。

（五）保护性耕作农田杂草综合防控技术研究

化学除草（生长季和非生长季）、机械除草（播前、苗期）、人工除草、农业轮作等单因素试验研究和除草剂多因素综合试验。试验每个处理3次重复，设对照，随机排列。每亩施磷酸二铵30 kg、尿素20 kg做种肥，行距50 cm。田间管理同大田。

（六）小麦固定道保护性耕作技术模式研究

试验设小麦免耕固定道种植模式和免耕等行距种植模式两个处理，重复3次，共6个小区，每小区面积为30 m^2，随机排列。每亩施磷酸二铵15 kg、尿素3 kg、硫酸钾5 kg做种肥。其中免耕固定道种植模式行距为20 cm，免耕等行距种植模式行距为18 cm。田间管理同大田。

（七）玉米宽窄行留高茬轮种保护性耕作技术模式研究

试验共设玉米宽窄行留高茬免耕种植模式（30 cm/70 cm）、传统垄作

（50 cm）、等行距传统翻耕平作（50 cm）种植方法 3 个处理，重复 3 次，共 9 个小区，每小区面积为 60 m^2，随机排列。每亩施磷酸二铵 20 kg、尿素 4 kg 做种肥，行距 50 cm，在拔节期每亩追施尿素 30 kg。田间管理同大田。

二、测定方法与指标

出苗率： 每小区确定 3 个样点，采用定点法测量出苗率。

株高、叶面积： 小麦不同生育时期每小区取 10 株、玉米不同生育时期每小区取 5 株，用尺量法测定株高、叶面积。

土壤水分： 采用铝盒烘干法测定土壤水分含量。

土壤容重： 采用环刀法测定土壤容重。

土壤温度： 采用数显温度计测定土壤温度。

土壤有机质： 采用硫酸—重铬酸钾氧化法。

土壤全氮： 采用硫酸消煮半微量凯氏定氮法。

土壤全磷： 采用硫酸—高氯酸消煮钼锑抗比色法。

土壤全钾： 采用硫酸—硝酸消煮火焰光度法。

土壤微生物量碳： 采用氯仿熏蒸，硫酸钾提取滴定分析法。

土壤微生物量氮： 采用氯仿熏蒸，硫酸钾提取茚三酮比色法。

土壤微生物多样性： 采用 PCR－SSCP 法。

株防效： 采用选点踏查法每 7～10 d 测定一次不同保护性耕作农田的杂草株数，测定 3～4 次。

鲜重防效： 每小区选点测定完株防效后，在最后一次株防效测定完成后，拔出样点内所有杂草进行称重，计算鲜重防除效果。

作物产量性状： 在作物收获期取 10～20 株采用尺量等方法测定作物产量性状。小麦分别测定株高、穗长、单株总重、单株穗重、单株粒重、单株粒数、千粒重，玉米分别测定株高、穗长、秃尖数、单株重、单株粒重、单株轴重、穗粗、行粒数、千粒重等指标。

作物耗水量： 播前土壤贮水量＋生育期降雨量＋灌水量－收获后田间土壤贮水量

水分利用效率： 作物籽粒产量/作物耗水量。

灌水量生产效率： 作物籽粒产量/灌水总量。

第四节 技术路线及主要措施

一、技术路线

根据总体设计方案和主要研究内容，制定切实可行的研究计划和实施方案，各主要参加单位分工合作，保证项目顺利实施。

产学研用有机结合，农机农艺相融合，走农艺农机一体化路子。

系统研究旱作保护性耕作农田的作物生长发育规律、农田杂草发生与危害规律、农田水分运移和作物需肥规律及产量，创新免耕播种抗旱保苗、杂草综合防控和水肥调控等关键技术，通过关键技术与装备的研发和系统集成，形成具有自主知识产权的、经济高效的保护性耕作丰产高效技术模式，并进行示范推广（图 4-1）。

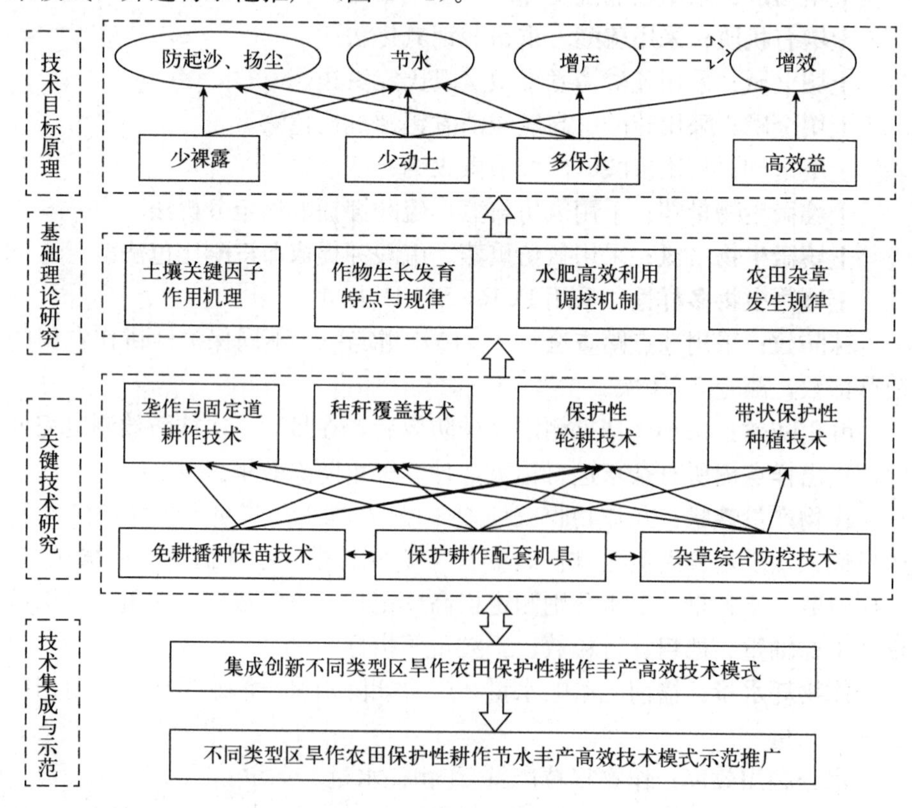

图 4-1 技术路线图

二、采取的主要措施

（一）成立项目领导小组，健全组织机构

为了顺利开展研究工作，确保项目各项任务落到实处，圆满地完成项目的各项指标，2010 年 6 月，根据项目的总体要求和项目实施的具体情况，课题组正式成立，由技术力量雄厚、基础设施好、科研条件优越、成果较多的内蒙古农牧业科学院主持，内蒙古大学、内蒙古农牧业机械技术推广站（内蒙古农牧业机械化研究所）等单位科技人员组成课题组，进行合作攻关与示范推广工作。为确保项目高水平、扎扎实实地完成好，邀请了农业部保护性耕作研究中心高焕文教授、李洪文教授为项目指导专家。同时项目实施区的农牧业局也分别调派精干专业技术人员和干部具体组织落实项目工作。

（二）制定方案，落实任务

根据自治区科学技术厅对项目的要求，经课题组广泛认真调研论证，针对项目区的生态条件、保护性耕作状况和区域杂草发生发展规律进行了多次实地调查研究，在广泛征求农机和农业部门意见的基础上，根据项目的总体要求，组织有关专家认真制定了项目实施总方案和项目区分项实施方案，并将各方案分别印发给各项目区，作为项目实施的基本依据。

根据项目参加单位和人员较多等实际，课题组自始至终认真做好课题管理和统筹协调工作，使科研工作严谨有序地顺利进行。先后通过现场会、交流会、中期评估会、年度总结会等各种方式抓好工作落实。

在项目实施过程中，课题组成员深入试验第一线，关键技术由多年从事植保工作的技术人员直接把关，并抽调技术熟练、责任心强的干部和专业技术人员参加和配合杂草调查等工作任务。基本做到方案落实到位、技术实施到位、调查及时准确、档案材料齐全。

（三）合同管理、责权利统一

为全面做好项目实施工作，课题组成员进行了认真分工，明确工作任务，制定奖惩措施，项目实施采用合同管理方式进行，层层签订责任状，进一步明确了项目参加单位和实施单位在项目实施过程中的工作任务，真

正做到目标明确，分级管理，分层负责，责任到人，责权利统一。

（四）全力以赴，做好研究工作

课题组成员亲自深入试验研究与示范推广第一线，关键技术由多年从事植保、栽培、农机工作的技术人员直接把关，并抽调技术熟练、责任心强的干部和专业技术人员参加项目研究工作。做到方案落实到位，技术实施到位，调查及时准确。

项目实施中，邀请相关专家深入田间进行技术指导，对项目实施中出现的问题，及时进行指导，少走了弯路，使研究成果尽快在生产中得以应用。

（五）做好试验记录，建立健全科研档案

根据试验研究需要，课题组制定了一系列记录表格。并根据研究需要，摄制搜录了大量影像资料，各类表格填写规范完整，记录翔实准确，建立了规范的科研档案。

（六）加强学习和技术培训，提高科研能力和技术水平

自项目实施以来，课题组高度重视课题参加人员的学习与提高，派出专家参加国内学术会议 4 人次，区内外调研 10 余人次。通过集中培训、专家讲座、以会代训和印发资料及出外考察等形式，先后多次组织技术人员和操作工人围绕保护性耕作技术、栽培管理、机械使用与除草技术以及试验研究、观察与记载等内容进行了技术培训，极大地提高了课题组成员和试验操作技术人员的科研能力和技术水平。

（七）严格资金管理

由于项目参加单位多，为保证项目资金专款专用、及时到位，资金由内蒙古农牧业科学院统一管理，统筹安排，真正做到专款专用，及时足额到位。

第五章

主要研究结果与分析

第一节　不同耕作方法对作物生长发育的影响

一、不同耕作方法对作物出苗时间和出苗率的影响

（一）不同耕作方法对玉米出苗时间和出苗率的影响

由表 5-1 可知，不同耕作方法对玉米的出苗时间、平均出苗株数和出苗率均存在不同的影响。旋耕常规播种和深松常规播种出苗时间最早，为 13 d，而免耕播种出苗时间最晚，为 15 d，常规耕作（对照）的出苗时间为 14 d，由于免耕播种的地表盖有较大量的秸秆，增大了阳光的折射和阳光与地面的直接接触时间，从而使地温减小，使玉米出苗较晚。常规耕作的平均出苗株数和出苗率最小，分别为 7.9 株/m^2 和 87.8%，免耕播种的平均出苗株数和出苗率最大，分别比对照高出 8.86% 和 7.8%，而旋耕常规播种和深松常规播种处理的平均出苗株数和出苗率位于两处理之间，分别为 8.2 株/m^2、91.1% 和 8.3 株/m^2、94.3%。经方差分析得，4 个处理的出苗时间、平均出苗株数和出苗率均存在极显著性差异（$P<0.01$）。

表 5-1　不同耕作方法对玉米出苗时间和出苗率的影响

处　理	平均出苗时间（d）	出苗株数（株/m^2）	出苗率（%）
免耕播种	15C	8.6C	95.6C
深松常规播种	13 A	8.3B	94.3C
旋耕常规播种	13 A	8.2B	91.1B
传统翻耕	14 A	7.9 A	87.8 A

注：A、B、C 表示各处理在 $P<0.01$ 水平下极显著。

（二）不同耕作方法对小麦出苗时间和出苗率的影响

由表5-2可知，不同耕作方法对小麦出苗时间、每平方米出苗株数、出苗率均存在较大影响。重耙常规播种和传统翻耕的出苗天数为14 d，比免耕播种提前了2 d。传统翻耕每平方米出苗株数为604.5株，免耕播种、重耙常规播种的每平方米平均出苗株数分别比传统翻耕多2.6株和6.5株。传统翻耕的出苗率为93.0%，免耕播种和重耙常规播种的平均出苗率分别比传统翻耕高出0.4%和1.0%。

表5-2　不同耕作方法对小麦出苗时间和出苗率的影响

处　理	平均出苗时间（d）	出苗株数（株/m^2）	出苗率（%）
免耕播种	16b	607.1a	93.4a
重耙常规播种	14a	611.0b	94.0b
传统翻耕	14a	604.5a	93.0a

注：a、b表示不同处理间在$P<0.05$水平下显著。

（三）不同耕作方式对燕麦出苗时间和出苗率的影响

由表5-3可知，不同耕作方式对燕麦出苗时间、平均出苗株数和出苗率均存在较大的影响。秸秆还田翻耕常规播种出苗时间最早，为19 d，而免耕播种出苗时间最晚，为21 d，旋耕和深松的出苗时间为20 d。由于免耕播种的地表盖有较大量的秸秆，使地温降低，从而延迟了燕麦出苗时间。免耕的平均出苗株数和出苗率，分别为367株/m^2和85.6%，旋耕常规播种和深松常规播种处理的平均出苗株数和出苗率分别为348株/m^2、81.1%和361株/m^2、84.3%。经方差分析得，处理间的出苗时间、平均出苗株数和出苗率均存在显著性差异（$P<0.05$）。

表5-3　不同耕作方式对燕麦出苗时间和出苗率的影响

处　理	平均出苗时间（d）	出苗株数（株/m^2）	出苗率（%）
秸秆还田免耕播种（NTS）	21a	367ab	85.6ab
秸秆还田深松常规播种（STS）	20c	361b	84.3b
秸秆还田旋耕常规播种（XTS）	20c	348c	81.1c
秸秆还田翻耕常规播种（CTS）	19b	376a	87.8a

注：a、b、c表示不同处理间在$P<0.05$水平下显著。

二、不同耕作方法对作物产量性状和经济效益的影响

（一）不同耕作方法对玉米产量性状和经济效益的影响

不同耕作方法对玉米产量性状的影响存在较大差异。由表 5－4 可看出，4 种耕作方法处理下玉米穗长、单株穗重、单株粒重、行粒数的大小顺序均表现为深松常规播种＞免耕播种＞旋耕常规播种＞传统翻耕（对照），秃尖长的大小顺序则为传统翻耕（对照）＞旋耕常规播种＞深松常规播种＞免耕播种，千粒重的大小顺序为深松常规播种＞免耕播种＞传统翻耕（对照）＞旋耕常规播种。4 种耕作方法对玉米的单株穗重、单株粒重、单株轴重和行粒数以及千粒重的影响较大，而对玉米穗长、穗行数、秃尖长等影响较小。

表 5－4　不同耕作方法对玉米产量性状的影响

处理	株高（cm）	单株重（g）	穗位（cm）	穗粗（cm）	穗长（cm）	秃尖长（cm）	行数（行/穗）	行粒数（粒/行）	单株穗重（g）	单株粒重（g）	轴重（g）	千粒重（g）
免耕播种	280	430	111	5	19	2	16	36.8	213.9	175	38.9	378
深松常规播种	281	445	120	5	20	2.2	15.6	37.4	223.6	180	43.6	388
旋耕常规播种	282	340	110	4.8	19	2.3	14.6	37.2	200.1	165	35.1	335
传统翻耕	280	405	122	4.8	19	3	14.8	36.4	200	160	40	346

不同耕作方法显著影响作物的产量和农民的收入。从表 5－5 看出（玉米价格以 2.0 元/kg 计），免耕播种、深松常规播种的玉米产量均比对照高，分别高 14.4％和 16.3％，而旋耕常规播种的玉米产量比对照低，比对照减少了 1.61％。对照处理的每亩纯收入为 776.4 元，而免耕播种、深松常规播种、旋耕常规播种处理的每亩纯收入分别比对照增加了 255.6 元、249.8 元和 19.6 元，分别比对照高出 24.77％、24.34％和 2.46％。

经方差分析得出，各处理间的亩产量、总收入和纯收入存在极显著性差异（$P<0.01$）。

表 5-5　不同耕作方法对玉米产量和经济效益的影响

处　理	产量（kg/亩）	生产资料（元/亩）	用工成本（元/亩）	总收入（元/亩）	纯收入（元/亩）
免耕播种	748.5 A	265	200	1 497.0B	1 032 A
深松常规播种	765.6B	265	240	1 531.2 A	1 026.2 A
旋耕常规播种	630.5D	265	200	1 261.0C	796.0B
传统翻耕	640.7C	265	240	1 281.4C	776.4C

注：A、B、C、D表示在 $P<0.01$ 条件下差异极显著。

（二）不同耕作方法对小麦产量性状和经济效益的影响

由表 5-6 可知，不同耕作方法对小麦产量性状均有不同程度的影响。不同处理间小麦单株重、穗长、单株穗重、单株粒重、穗粒数和千粒重均以免耕播种处理最高，其次为重耙常规播种，传统翻耕处理的各产量性状最低。

表 5-6　不同耕作方法对小麦产量性状的影响

处　理	单株重（g）	穗长（cm）	单株穗重（g）	单株粒重（g）	穗粒数（粒）	千粒重（g）
免耕播种	4.73	9.94	2.13	1.41	41.09	34.71
重耙常规播种	4.68	9.14	2.03	1.31	37.79	34.42
传统翻耕	4.65	9.04	2.01	1.28	35.63	34.40

由表 5-7 可知，不同耕作方法对小麦产量和经济效益均有不同程度的影响。在产量上，不同处理间表现为免耕播种＞重耙常规播种＞传统翻耕，且免耕播种和重耙常规播种两个处理较传统翻耕处理小麦产量分别提高了 22.94%和 17.22%。不同处理间的生产成本不同，总体为免耕播种＞重耙常规播种＞传统翻耕，且总收入和纯收入在不同处理间均表现为免耕播种＞重耙常规播种＞传统翻耕，前两个处理较传统翻耕处理的纯收入分别增加了 34.56%和 26.06%。

表 5-7　不同耕作方法对小麦产量和经济效益的影响

处　理	产量（kg/亩）	生产资料（元/亩）	用工成本（元/亩）	总收入（元/亩）	纯收入（元/亩）
免耕播种	255.23	104.08	90	510.45	316.37
重耙常规播种	243.35	125.32	65	486.68	296.37
传统翻耕	207.60	120.08	60	415.19	235.11

（三）不同耕作方式对燕麦产量的影响

不同耕作方式对燕麦产量及经济系数的影响如表 5-8 所示，NTS 处理的经济产量最大，为 1 264.64 kg/hm²，其次是 STS 处理，为 1 176.46 kg/hm²，第三是 XTS 处理，为 1 133.74 kg/hm²。NTS 处理的生物产量为 4 666.34 kg/hm²，分别比 STS、XTS 和 CTS 处理高 1.98%、11.78%、9.97%。各处理间的经济系数相差较小。

表 5-8　不同耕作方式对燕麦产量的影响

处理	经济产量（kg/hm²）	生物产量（kg/hm²）	经济系数
NTS	1 264.64	4 666.34	0.27
STS	1 176.46	4 575.58	0.26
XTS	1 133.74	4 174.54	0.27
CTS	1 107.30	4 243.17	0.26
CT	1 029.94	3 551.50	0.29

三、不同耕作方法对作物耗水量和水分利用效率的影响

（一）不同耕作方法对玉米耗水量和水分利用效率的影响

表 5-9　不同耕作方法对玉米耗水量和水分利用效率的影响

处　理	产量（kg/亩）	耗水量（mm）	灌水量生产效率（kg/m³）	水分利用效率（kg·hm⁻²·mm⁻¹）
免耕播种	748.5 A	580.15	2.94	19.35
深松常规播种	765.6B	579.92	3.00	19.80
旋耕常规播种	630.5D	581.56	2.47	16.26
传统翻耕	640.7C	604.46	2.51	15.90

由表 5-9 可知，不同耕作方式对玉米全生育期耗水量、灌溉水生产效率以及水分利用效率的影响存在较大差异。其中，不同耕作方式对土壤耗水量影响的大小顺序从大到小依次为传统翻耕＞旋耕常规播种＞免耕播种＞深松常规播种；而不同耕作方式对灌水生产效率的影响则以深松常规播种最大，其值为 3.00 kg/m^3，分别比免耕播种、旋耕常规播种、传统翻耕的灌溉水生产效率提高了 2.04%、21.46%和 19.52%；从水分利用效率可以看出，以深松常规播种处理的水分利用效率最大，其值为 19.80 $kg \cdot hm^{-2} \cdot mm^{-1}$，其次是免耕播种处理，最小的是传统翻耕。由此可以看出，免耕播种和深松常规播种可有效提高水分利用效率，因此在农业生产中可根据生产实际将两种措施有效融合，建立适合不同生态类型区的轮耕措施。

（二）不同耕作方式对小麦耗水量和水分利用效率的影响

表 5-10　不同耕作方式对小麦耗水量和水分利用效率的影响

处　理	产量 (kg/亩)	耗水量 (mm)	水分利用效率 ($kg \cdot hm^{-2} \cdot mm^{-1}$)
免耕播种	255.23	82.16	46.60
重耙常规播种	243.35	105.05	34.75
传统翻耕	207.60	132.93	23.43

不同耕作方式对小麦耗水量及水分利用效率的影响见表 5-10。传统翻耕处理的小麦生育期耗水量最大，耗水量为 132.93 mm，分别比免耕播种和重耙常规播种的耗水量提高了 61.80%和 26.53%；不同耕作方式对小麦水分利用效率影响的大小顺序为免耕播种＞重耙常规播种＞传统翻耕。

（三）不同耕作方法对燕麦耗水量和水分利用效率的影响

表 5-11　不同耕作方法对燕麦耗水量和水分利用效率的影响

处理	经济产量 (kg/hm^2)	耗水量 (mm)	水分利用效率 ($kg \cdot hm^{-2} \cdot mm^{-1}$)
NTS	1 264.64	183.18	6.90

（续）

处理	经济产量（kg/hm^2）	耗水量（mm）	水分利用效率（$kg \cdot hm^{-2} \cdot mm^{-1}$）
STS	1 176.46	180.17	6.53
XTS	1 133.74	186.29	6.09
CTS	1 107.30	178.21	6.21
CT	1 029.94	180.01	5.72

由表 5-11 可看出，不同耕作方式对燕麦全生育期土壤耗水量和水分利用效率的影响存在较大差异。其中，不同耕作方式对耗水量的影响以旋耕秸秆还田处理（XTS）最大，其次是免耕秸秆还田（NTS），最小处理为翻耕秸秆还田处理（CTS），其他两个处理位于 3 个处理之间。从水分利用效率的大小可以看出，免耕秸秆还田处理（NTS）的水分利用效率最大，其值为 6.90 $kg \cdot hm^{-2} \cdot mm^{-1}$，分别比深松秸秆还田（STS）、旋耕秸秆还田（XTS）、翻耕秸秆还田（CTS）和翻耕秸秆不还田（CT）处理的水分利用效率提高了 5.67%、13.30%、11.11%和 20.63%。综合以上分析得出，该地区较适宜的耕作处理为免耕秸秆还田和深松秸秆还田。

第二节　不同耕作方法对土壤理化性状及土壤微生物的影响

一、不同耕作方法对土壤含水量的影响

（一）不同耕作方法对玉米田土壤含水量的影响

由图 5-1 可知，不同耕作方法对不同土层含水量的影响存在较大差异，其中对 0～10 cm、10～20 cm 和 20～40 cm 土层含水量影响较大，而对 40～60 cm 土层含水量影响较小。不同耕作措施处理下不同土层的土壤含水量的变化趋势相同，均呈单峰曲线变化，峰值分别出现在拔节期—大喇叭口期。随着土层深度的增加，同一处理的土壤含水量也逐渐增加，而不同处理的土层含水量大小变化相同。除 0～10 cm 土层的含水量大小变化为旋耕常规播种＞免耕播种＞深松常规播种＞传统翻耕外，其余各处理均表现为免耕播种＞旋耕常规播种＞深松常规播种＞传统翻耕。

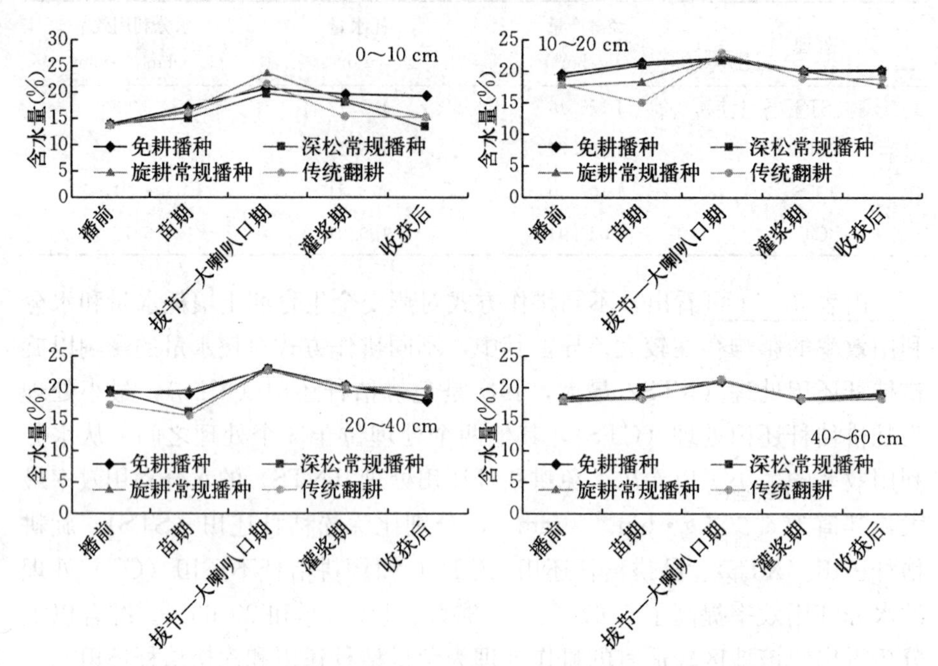

图5-1 不同耕作方法对玉米田间不同层次土壤含水量的影响

在10～20 cm土层中，播前传统翻耕（对照）处理的土壤含水量为17.85%，免耕播种、旋耕常规播种、深松常规播种的土壤含水量比对照分别高出10.31%、6.00%、3.92%，苗期对照处理的土壤含水量为15.11%，而免耕播种、旋耕常规播种、深松常规播种处理的土壤含水量比对照分别高出42.49%、37.46%和20.85%；在拔节—灌浆期随着田间灌水时间的来临和降雨量的增大，不同处理的土壤含水量几乎相等。在20～40 cm的土层中，苗期对照处理的土壤含水量为17.31%，免耕播种、旋耕常规播种、深松常规播种处理的土壤含水分比对照分别高出9.75%、10.03%、6.44%，原因是传统翻耕（对照）的土壤扰动较大，破坏了土壤结构，减小了土壤容重，从而增大了水量的蒸发，而其他两个处理的土壤翻动较小，土壤的结构和孔隙度破坏较小，从而减少了水分的蒸发，因此免耕播种、旋耕常规播种、深松常规播种处理的土壤含水量比对照高。峰值出现在拔节—大喇叭口期，主要是由于田间灌水、大量的降雨增加了土壤的含水量。

（二）不同耕作方法对小麦田土壤含水量的影响

由表 5－12 可知，不同耕作方法对小麦各生育时期土壤含水量有一定的影响。在各土层土壤含水量在不同处理间均表现为重耙常规播种＞免耕播种＞传统翻耕。在不同土层间土壤含水量在各处理间总体表现为 40～60 cm＞20～40 cm＞0～20 cm。

表 5－12　不同耕作方法对小麦不同生育时期不同土层土壤含水量的影响

单位：%

土　层	处　理	播种前	苗期	拔节期	孕穗期	抽穗期	开花期	灌浆期	收获后
0～20 cm	免耕播种	21.35	14.31	17.67	27.82	18.60	21.27	18.33	27.65
	重耙常规播种	26.78	27.93	18.03	29.53	19.63	26.31	19.33	28.93
	传统翻耕	17.57	14.27	17.38	11.48	16.61	19.73	17.14	27.50
20～40 cm	免耕播种	23.10	13.58	20.80	26.38	19.82	19.13	19.73	26.49
	重耙常规播种	25.47	26.07	21.64	28.11	20.66	22.20	20.64	28.25
	传统翻耕	20.19	11.61	18.61	11.79	17.56	11.57	17.27	18.68
40～60 cm	免耕播种	24.89	24.31	20.26	28.43	19.75	21.31	18.52	29.00
	重耙常规播种	27.95	26.38	21.67	27.38	20.66	14.27	19.18	27.34
	传统翻耕	23.07	21.11	19.96	27.75	18.64	19.82	16.76	27.67

（三）耕作方式对燕麦田土壤水分含量的影响

不同耕作方式下对不同土层土壤含水量的影响如图 5－2、图 5－3、图 5－4 所示，不同耕作措施在不同土层土壤含水量变化趋势大致相同，且总体上均表现为免耕最大，翻耕最小。

如图 5－2 所示，在 0～10 cm 土层，苗期土壤含水量表现为免耕最高，其较深松、旋耕、翻耕处理分别高 10.02%、19.35%、33.25%；拔节期的土壤含水量表现为深松最高，为 12.94%，旋耕最低，为 9.74%；孕穗期土壤含水量表现为免耕最高，深松最低，深松处理较免耕、旋耕、翻耕处理分别低 18.39%、7.38%、3.85%；抽穗—开花期土壤含水量表现为免耕＞翻耕＞深松＞旋耕；抽穗—开花期后土壤水分含量逐渐降低，灌浆期和成熟期均表现为免耕＞旋耕＞深松＞翻耕。

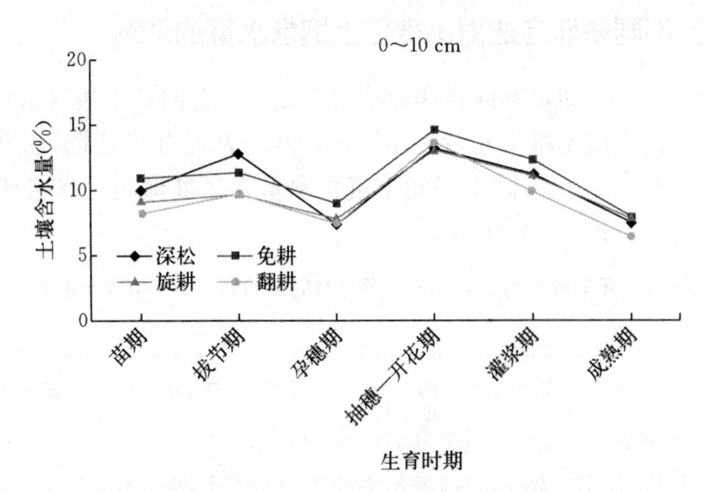

图 5-2　不同耕作方式对 0～10 cm 土壤水分含量（%）的影响

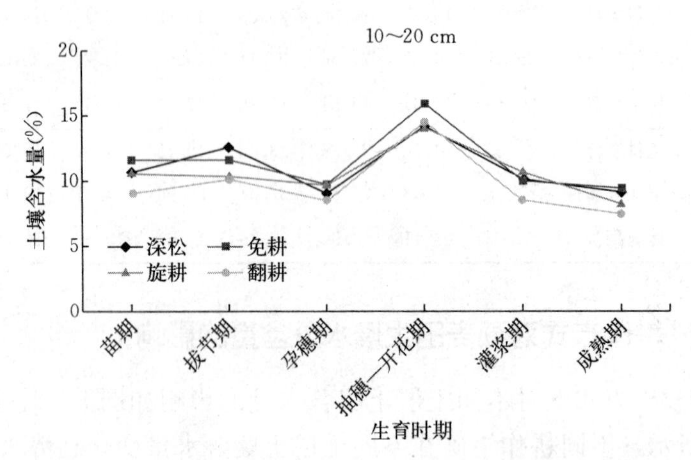

图 5-3　不同耕作方式对 10～20 cm 土壤水分含量（%）的影响

图 5-3 所示，10～20 cm 与 0～10 cm 土层土壤含水量的总体变化趋势相同，苗期土壤含水量免耕最高，为 11.66%；深松、旋耕、翻耕处理较免耕处理分别低 8.49%、8.15%、22.90%；拔节期深松处理的含水量最高，为 12.64%；其较免耕、旋耕、翻耕处理分别高 8.50%、21.42%、24.78%；孕穗期土壤含水量表现为免耕＞旋耕＞深松＞翻耕，各处理间土壤含水量相差不大；抽穗—开花期免耕土壤含水量最高，较深松、旋耕、翻耕处理分别高 10.82%、10.59%、9.37%，深松、旋耕、翻耕处

理间土壤含水量相差不大；灌浆期土壤含水量则表现为旋耕最高，翻耕最低，旋耕较翻耕处理高 26.97%，免耕、深松处理土壤含水量相差不明显；成熟期土壤含水量表现为免耕＞深松＞旋耕＞翻耕。

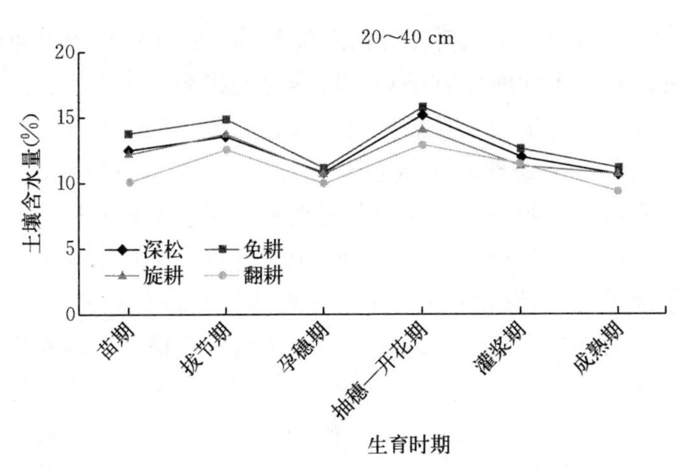

图 5-4　不同耕作方式对 20～40 cm 土壤水分含量（%）的影响

图 5-4 所示，20～40 cm 土层土壤含水量苗期仍为免耕最高，为 13.88%；拔节期和孕穗期土壤含水量均表现为免耕＞旋耕＞深松＞翻耕；抽穗—开花期土壤含水量较孕穗期明显增长，其中免耕土壤含水量最高，较深松、旋耕、翻耕处理分别高 3.88%、12.38%、21.93%；灌浆期土壤含水量表现为免耕最高，旋耕最低，旋耕较免耕、深松、翻耕处理分别低 10.97%、6.47%、3.09%；成熟期土壤含水量表现为免耕＞旋耕＞深松＞翻耕。

各个处理土壤含水量随着土层的加深逐渐增加。随着生育时期的推进，在 0～10 cm、10～20 cm、20～40 cm 土层均表现“双峰”曲线变化趋势，峰值分别在拔节期和抽穗—开花期，并在抽穗—开花期达到最大，且各处理间均存在显著性差异。这是由于本实验不设人为灌溉处理，水分供应主要是自然降水，抽穗—开花期正处于 8 月，降雨集中，降雨量充足，土壤含水量较高。在整个生育时期，总体上免耕土壤含水量最高，翻耕最低，这是由于免耕减少了对土壤的扰动，有效持水空间增加，而翻耕改变了土壤结构，使土壤孔隙度增加，从而加大了土壤水分的蒸发。

二、不同耕作方法对土壤容重的影响

（一）不同耕作方法对玉米田播种前、收获后土壤容重的影响

由表 5 - 13 可知，不同耕作方法对播种前、收获后土壤容重的影响存在较大差异。其中不同耕作方法对土壤容重的影响均表现为：随着土层的增加，土壤容重逐渐增加，且播种前＜收获后，但免耕的变化较小，甚至无变化，而其他 3 个处理的土壤容重变化均较大。在播种前，0～20 cm 土层的土壤容重大小顺序均表现为免耕播种＞深松常规播种＞旋耕常规播种＞传统翻耕，20～40 cm、40～60 cm 土壤容重大小顺序均表现为免耕播种＞旋耕常规播种＞传统翻耕＞深松常规播种。在收获后，0～20 cm 土层的土壤容重大小顺序表现为传统翻耕＞旋耕常规播种＞深松常规播种＞免耕播种。20～40 cm 土层的土壤容重大小顺序基本上表现为旋耕常规播种＞传统翻耕＞深松常规播种＞免耕播种，40～60 cm 土层的土壤容重各处理间相近。

表 5 - 13　不同耕作方法对玉米田播前、收获后土壤容重的影响

单位：g/cm^3

土　层	处　理	播前	收获后
0～20 cm	免耕播种	1.392	1.374
	深松常规播种	1.312	1.452
	旋耕常规播种	1.292	1.530
	传统翻耕	1.260	1.552
20～40 cm	免耕播种	1.458	1.458
	深松常规播种	1.334	1.489
	旋耕常规播种	1.449	1.539
	传统翻耕	1.389	1.490
40～60 cm	免耕播种	1.638	1.639
	深松常规播种	1.627	1.637
	旋耕常规播种	1.634	1.645
	传统翻耕	1.629	1.638

（二）不同耕作方法对小麦田播种前、收获后土壤容重的影响

由表 5-14 可知，不同耕作方法对小麦播种前和收获后土壤容重有一定的影响。在各土层土壤容重在不同处理间均表现为免耕播种>重耙常规播种>传统翻耕。在不同土层间，各处理的土壤容重总体表现为 0～20 cm<20～40 cm<40～60 cm。在时间梯度上，各处理在 0～20 cm 和 20～40 cm 土层土壤容重均表现为播种前<收获后。

表 5-14　不同耕作方法对小麦田播前、收获后土壤容重的影响

单位：g/cm³

土　层	处　理	播种前	收获后
0～20 cm	免耕播种	1.36	1.38
	重耙常规播种	1.21	1.34
	传统翻耕	1.20	1.32
20～40 cm	免耕播种	1.37	1.39
	重耙常规播种	1.33	1.35
	传统翻耕	1.28	1.32
40～60 cm	免耕播种	1.41	1.40
	重耙常规播种	1.36	1.35
	传统翻耕	1.32	1.35

（三）不同耕作方式对燕麦土壤容重的影响

由表 5-15 可知，不同耕作方式处理燕麦田播种前、收获后土壤容重均表现为随着土层深度的增加而增加。播种前 0～5 cm 土层土壤容重表现为免耕>旋耕>翻耕>深松，在 5～10 cm 和 10～20 cm 均为免耕>旋耕>深松>翻耕，20～40 cm 为旋耕>免耕>翻耕>深松。收获后表层土壤容重较播前有升高的趋势，而深层土壤容重变化不大。以 0～5 cm 土层为例，不同处理间土壤容重深松、翻耕和旋耕处理分别较免耕处理降低了 20.00%、16.15%和 10.00%。

表 5-15 不同耕作方式对土壤容重的影响

单位：g/cm³

处理	播种前				收获后			
	0～5 cm	5～10 cm	10～20 cm	20～40 cm	0～5 cm	5～10 cm	10～20 cm	20～40 cm
免耕	1.30	1.36	1.48	1.47	1.32	1.38	1.44	1.45
深松	1.04	1.14	1.26	1.21	1.29	1.32	1.38	1.29
旋耕	1.17	1.20	1.41	1.58	1.28	1.32	1.48	1.57
翻耕	1.09	1.13	1.12	1.33	1.18	1.25	1.17	1.40

三、不同耕作方法对土壤温度的影响

（一）不同耕作方法对玉米田土壤温度的影响

由表 5-16 可知，不同耕作方法对不同土层土壤温度的影响趋势均相同。不同耕作措施的土壤温度均随着这土层深度的增加而逐渐减小，其大小顺序为 5 cm＞10 cm＞15 cm＞20 cm＞25 cm，随着生育时期的推进，土壤温度呈先增加后降低再增加再降低的变化趋势，出现以上情况主要是由于天气变化的原因。不同耕作方法对土壤温度影响的大小顺序为传统翻耕＞旋耕常规播种＞深松常规播种＞免耕播种。

表 5-16 不同耕作方法对玉米田不同土层土壤温度的影响

单位：℃

土层	处 理	播前	苗期	拔节—大喇叭口期	开花期	灌浆期	收获后
5 cm	免耕播种	15.0	23.2	21.0	24.6	17.4	13.0
	深松常规播种	16.8	22.1	21.8	24.5	17.5	16.0
	旋耕常规播种	17.5	21.0	20.7	24.7	17.4	14.3
	传统翻耕	17.5	22.2	21.0	24.6	17.5	17.9
10 cm	免耕播种	14.0	21.1	20.3	23.1	17.2	11.9
	深松常规播种	14.1	19.9	20.4	23.0	17.3	13.7
	旋耕常规播种	14.4	19.8	20.1	23.2	17.2	12.7
	传统翻耕	15.0	20.1	20.5	23.2	17.0	14.9

（续）

土层	处　理	播前	苗期	拔节—大喇叭口期	开花期	灌浆期	收获后
15 cm	免耕播种	13.0	19.4	19.9	23.2	17.6	11.1
	深松常规播种	13.8	19.4	20.2	23.2	17.6	13.1
	旋耕常规播种	13.0	19.3	19.8	23.3	18.0	11.0
	传统翻耕	13.2	19.3	20.3	23.2	17.5	13.5
20 cm	免耕播种	13.3	18.9	20.0	22.4	17.5	11.0
	深松常规播种	14.6	18.6	20.2	22.5	17.5	12.8
	旋耕常规播种	14.5	18.7	19.9	22.5	17.5	11.0
	传统翻耕	14.2	18.9	20.5	22.6	17.5	12.9
25 cm	免耕播种	12.2	18.5	19.9	21.9	18.1	11.2
	深松常规播种	13.2	18.3	20.2	22.0	18.0	13.3
	旋耕常规播种	13.4	18.3	19.9	22.0	17.8	11.2
	传统翻耕	13.0	18.5	20.5	22.1	18.1	13.2

（二）不同耕作方法对小麦田土壤温度的影响

由表 5-17 可知，不同耕作方法对各处理土壤温度有一定的影响。土壤温度在小麦全生育期内总体表现为先增加后降低的变化趋势，在不同土层间，土壤温度总体变现为随着土层加深土壤温度降低。在不同处理间，在 5 cm、10 cm 和 15 cm 土层间土壤温度为重耙常规播种＞免耕播种＞传统翻耕，在 20 cm 和 25 cm 处土壤温度为传统翻耕＞免耕播种＞重耙常规播种。

表 5-17　不同耕作方法对小麦田不同土层土壤温度的影响

单位：℃

土层	处　理	播种前	拔节期	孕穗—抽穗期	开花—灌浆期	收获后
5 cm	免耕播种	18.40	25.43	22.90	21.89	17.63
	重耙常规播种	20.17	25.85	26.85	21.95	17.83
	传统翻耕	18.10	24.17	22.73	21.85	17.26

（续）

土层	处　理	播种前	拔节期	孕穗—抽穗期	开花—灌浆期	收获后
10 cm	免耕播种	13.70	21.83	20.77	20.88	15.40
	重耙常规播种	15.00	22.57	21.80	21.40	15.95
	传统翻耕	13.03	20.80	20.98	21.22	15.06
15 cm	免耕播种	9.57	20.50	19.73	20.15	14.40
	重耙常规播种	10.75	20.30	20.08	20.95	14.68
	传统翻耕	9.00	18.20	19.20	20.64	14.40
20 cm	免耕播种	5.50	18.53	19.05	19.76	14.06
	重耙常规播种	4.87	16.55	17.55	20.10	14.25
	传统翻耕	7.60	19.30	19.12	20.16	14.00
25 cm	免耕播种	4.00	17.58	18.52	19.28	13.73
	重耙常规播种	3.80	16.00	17.00	19.30	13.84
	传统翻耕	5.85	18.20	18.87	19.61	13.63

（三）不同耕作方式对燕麦田土壤温度的影响

从图 5-5 可以看出，不同土层土壤温度均随生育期的推移呈先升高后降低的趋势，5～25 cm 土层土壤温度在孕穗期后有小幅波动，但波动幅度相差不大。不同耕作方式对生长前期土壤温度的影响较大，后期趋于平缓。

在 0～5 cm 土层，苗期翻耕土壤温度最高，其较免耕、深松、旋耕处理分别高 16.74%、7.05%、9.32%；拔节期翻耕土壤温度最高，免耕最低，免耕与深松处理较土壤温度相差较小，其较翻耕、旋耕处理分别低 6.59%、3.04%；孕穗期深松、翻耕、旋耕处理之间温度相差不大，且均高于免耕处理，较免耕处理分别高 8.37%、7.05%、6.61%；抽穗—开花期土壤温度表现为深松＞旋耕＞翻耕＞免耕；灌浆期土壤温度表现为免耕＞深松＞旋耕＞翻耕；成熟期土壤温度表现为免耕＞翻耕＞深松＞旋耕。

在 5～10 cm 土层，苗期土壤温度表现为免耕＞旋耕＞深松＞翻耕，且免耕、旋耕、深松各处理间土壤温度变化相差不大；拔节期土壤温度翻耕最高，免耕次之，旋耕和深松处理土壤温度相同，且均低于翻耕与免耕处理；孕穗期深松处理土壤温度最高，免耕最低，翻耕与旋耕处理温度相同；灌浆期土壤温度表现为深松＞翻耕＞免耕＞旋耕；成熟期翻耕处理土壤温度最高，其较免耕、旋耕、深松分别高 2.3 ℃、2.4 ℃、2.1 ℃。

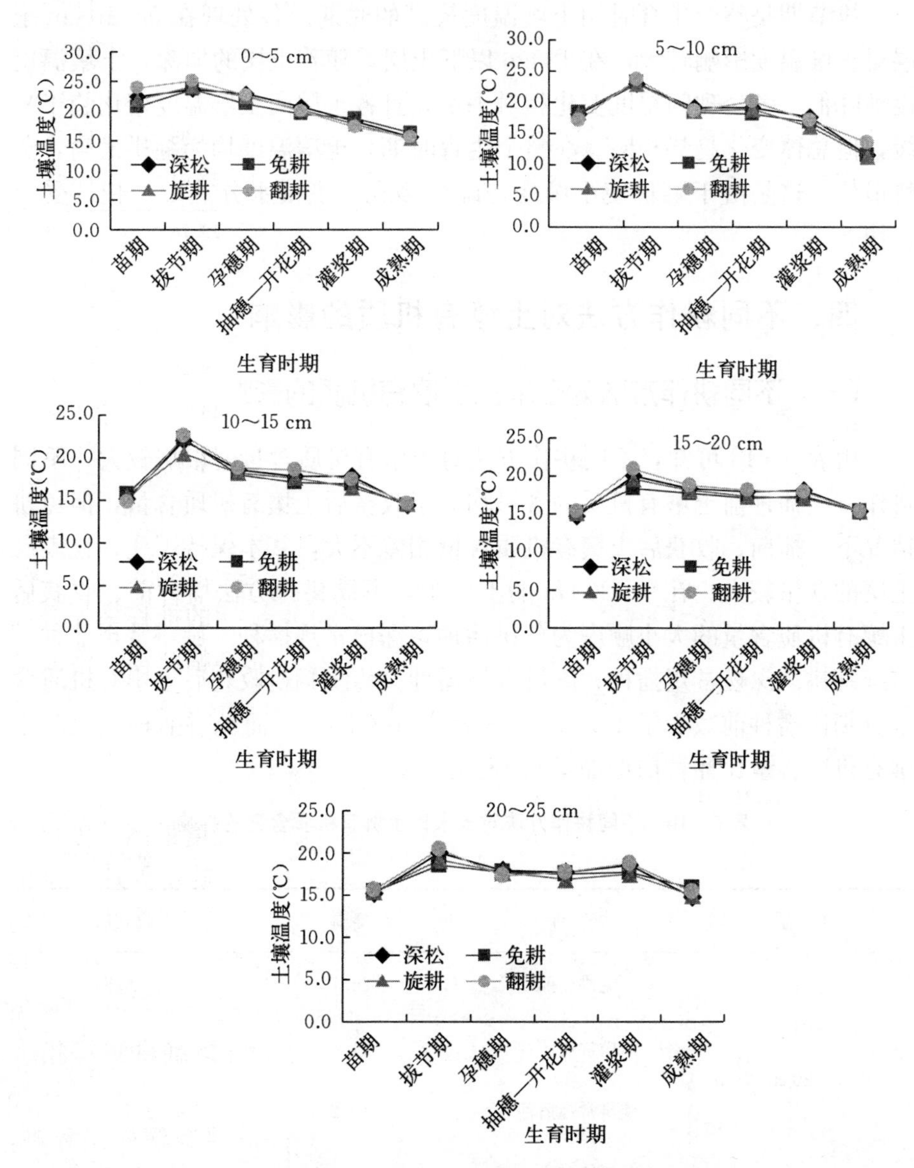

图 5-5 不同耕作方式对不同土层土壤温度（℃）的影响

10～25 cm 土层土壤温度总体表现为翻耕最高，免耕最低。同一生育时期各处理间土壤温度相差较小。同一处理，随着土层的加深，土壤温度逐渐降低，降低趋势趋于平缓。随着土层的加深，不同耕作方式对土壤温度的影响逐渐减小。

拔节期是整个生育时期土壤温度最高的时期。各处理在 0～10 cm 土层对土壤温度影响较大，在 10 cm 以下土层，随着土层的加深，土壤温度逐渐降低，各处理间温度变化相对平衡，且各土层间土壤温度变化趋于平缓，但总体变化趋势相同。在整个生育时期，土壤温度均为翻耕最高，免耕最低，这是由于翻耕使土壤变得疏松多孔，土壤水分蒸发加快，受热较快。

四、不同耕作方法对土壤有机质的影响

（一）不同耕作方法对玉米田土壤有机质的影响

由表 5 - 18 可知，不同耕作方法对土壤有机质含量的影响较大。不同耕作方法播种前土壤有机质的含量均大于收获后土壤有机质含量，但免耕情况下，播前、收获后土壤有机质含量相差不大，基本保持不变，且表层土壤的含量较大。在 0～20 cm 的土层中，不同耕作方法播种前、收获后土壤有机质含量的大小顺序为免耕播种＞深松常规播种＞旋耕常规播种＞传统翻耕。深松常规播种、旋耕常规播种、传统翻耕收获后土壤有机质含量分别比播种前减少了 12.84％、8.85％、3.33％，而免耕播种收获后土壤有机质含量比播种前增加了 0.38％。

表 5 - 18　不同耕作方法对玉米田土壤有机质含量的影响

单位：g/kg

土　层	处　理	播前	收获后
0～20 cm	免耕播种	26.7	26.8
	深松常规播种	21.8	19.0
	旋耕常规播种	19.2	17.5
	传统翻耕	18.0	17.4

（续）

土　层	处　理	播前	收获后
20～40 cm	免耕播种	13.4	12.9
	深松常规播种	14.4	15.1
	旋耕常规播种	13.0	12.8
	传统翻耕	13.1	12.6
40～60 cm	免耕播种	11.4	11.5
	深松常规播种	11.8	13.0
	旋耕常规播种	11.8	12.5
	传统翻耕	11.3	11.0

（二）不同耕作方法对小麦田土壤有机质的影响

由表5-19可知，不同耕作方法对各处理土壤有机质含量有一定的影响。土壤有机质含量在不同处理间总体表现为免耕播种>重耙常规播种>传统翻耕。土壤有机质含量在不同土层间总体表现为随着土层加深而逐渐降低，即0～20 cm>20～40 cm>40～60 cm。在时间梯度上，各处理在不同土层土壤有机质含量均表现为播种前>收获后。

表5-19　不同耕作方法对小麦田土壤有机质含量的影响

单位：g/kg

土　层	处　理	播种前	收获后
0～20 cm	免耕播种	55.56	53.52
	重耙常规播种	52.31	49.25
	传统翻耕	47.86	42.19
20～40 cm	免耕播种	53.11	50.17
	重耙常规播种	49.12	42.04
	传统翻耕	42.35	38.11
40～60 cm	免耕播种	36.27	36.26
	重耙常规播种	34.92	32.86
	传统翻耕	32.39	31.31

（三）不同耕作方式对燕麦田土壤有机质含量的影响

表 5-20 不同耕作方式对燕麦田土壤有机质含量的影响

单位：g/kg

处理	土层深度（cm）			
	0～5	5～10	10～20	20～40
免耕	24.76	26.48	22.65	21.04
深松	22.92	24.88	21.34	20.22
翻耕	20.32	22.75	20.02	16.59
旋耕	23.78	25.56	20.46	17.43

由表 5-20 可知，不同耕作方式对土壤有机质含量存在较大影响，在 0～10 cm 土层土壤有机质含量为免耕＞旋耕＞深松＞翻耕，在不同土层各处理土壤有机质含量均表现为 5～10 cm＞0～5 cm＞10～20 cm＞20～40 cm，5～10 cm 土层土壤有机质明显高于其他土层。各处理在 10～20 cm 土层土壤有机质含量明显降低，主要是因为表层土壤有各种作物残茬还田，而深层土壤有机质主要被作物吸收而没有还田补充，因此明显低于表层土壤含量。

五、不同耕作方法对土壤氮、磷、钾养分的影响

（一）不同耕作方法对玉米田土壤全量氮、磷、钾养分的影响

由表 5-21 可知，不同耕作方法对土壤全氮含量的影响趋势相同，除 20～40 cm 的深松常规播种的土壤全氮含量表现为播种前＜收获后，其他各处理的播种前土壤的全氮养分含量＞收获后，且不同耕作措施对土壤 0～20 cm、20～40 cm 土层土壤全氮含量影响较大，而对 40～60 cm 土层的养分含量影响较小。0～20 cm 土层的土壤全氮含量的大小顺序表现为免耕播种＞深松常规播种＞旋耕常规播种＞传统翻耕，而在 20～40 cm、40～60 cm 土层中土壤全氮含量的大小顺序表现不明显。

表 5-21　不同耕作方法对玉米田播种前、收获后不同土层土壤全氮、磷、钾含量的影响

单位：g/kg

土　层	处　理	播前			收获后		
		N	P	K	N	P	K
0～20 cm	免耕播种	1.14	0.67	24.3	1.06	0.67	24.2
	深松常规播种	1.34	0.59	23.5	0.98	0.56	21.0
	旋耕常规播种	1.04	0.56	23.1	0.95	0.46	18.8
	传统翻耕	0.99	0.52	23.1	0.88	0.50	20.6
20～40 cm	免耕播种	0.75	0.40	21.5	0.76	0.31	19.4
	深松常规播种	0.83	0.43	21.5	0.87	0.32	20.6
	旋耕常规播种	0.78	0.41	22.3	0.75	0.33	20.5
	传统翻耕	0.79	0.44	22.3	0.74	0.32	20.6
40～60 cm	免耕播种	0.75	0.36	23.1	0.72	0.34	23.2
	深松常规播种	0.76	0.40	22.3	0.74	0.28	24.6
	旋耕常规播种	0.75	0.37	22.3	0.72	0.29	22.5
	传统翻耕	0.76	0.37	22.3	0.75	0.34	22.2

由表 5-21 可知，不同耕作方法对土壤全磷含量的影响存在较大差异。除 0～20 cm 的免耕播种的土壤全磷含量表现为播种前＝收获后，其他各处理的播种前土壤的全磷养分含量＞收获后，且不同耕作措施对土壤 0～20 cm、20～40 cm 和 40～60 cm 土层土壤全磷含量影响均不相同，0～20 cm 土层土壤全磷含量的大小顺序表现为免耕播种＞深松常规播种＞旋耕常规播种＞传统翻耕，而在 20～40 cm、40～60 cm 土层中土壤全磷含量的大小顺序表现为深松常规播种＞旋耕常规播种＞传统翻耕＞免耕播种。

由表 5-21 可知，不同耕作方法对土壤全钾含量的影响较大。各处理 0～20 cm、20～40 cm 的土壤全钾含量均表现为播种前＜收获后，40～60 cm 的土壤全钾含量除传统翻耕外其他各处理的播种前＞收获后，且不同耕作措施对土壤全钾含量影响的大小顺序基本上表现为免耕播种＞深松常规播种＞旋耕常规播种＞传统翻耕。

（二）不同耕作方法对小麦田土壤全量氮、磷、钾养分的影响

由表 5-22 可知，不同耕作方法对各处理土壤全氮含量有一定的影

响。土壤全氮含量在不同处理间总体表现为重耙常规播种＞免耕播种＞传统翻耕。土壤全氮含量在不同土层间总体表现为随着土层加深而降低，即0～20 cm＞20～40 cm＞40～60 cm。在时间梯度上，各处理在不同土层土壤全氮含量均表现为播种前＜收获后。

表 5-22　不同耕作方法对小麦田播种前、收获后不同土层土壤全氮、磷、钾含量的影响

单位：g/kg

土　层	处　理	播种前			收获后		
		N	P	K	N	P	K
0～20 cm	免耕播种	4.31	0.82	25.21	4.55	0.39	25.11
	重耙常规播种	6.56	0.94	25.28	6.57	0.74	24.65
	传统翻耕	3.86	0.01	21.40	4.19	0.23	20.65
20～40 cm	免耕播种	4.71	0.32	22.05	4.22	0.34	22.84
	重耙常规播种	5.52	0.63	26.48	5.64	0.41	23.14
	传统翻耕	3.65	0.28	20.77	3.71	0.21	20.15
40～60 cm	免耕播种	2.47	0.25	21.41	3.71	0.21	20.35
	重耙常规播种	4.92	0.55	21.43	5.06	0.40	21.92
	传统翻耕	2.09	0.21	20.40	3.51	0.19	20.11

由表 5-22 可知，不同耕作方法对各处理土壤全磷含量有一定的影响。土壤全磷含量在不同处理间总体表现为重耙常规播种＞免耕播种＞传统翻耕。土壤全磷含量在不同土层间总体表现为随着土层加深而降低，即0～20 cm＞20～40 cm＞40～60 cm。在时间梯度上，各处理在不同土层土壤全磷含量均表现为播种前＞收获后。

（三）不同耕作方式对燕麦田土壤氮、磷、钾养分的影响

1. 不同耕作方式对燕麦田土壤全磷含量的影响

由表 5-23 可知，不同耕作方式对土壤全磷含量存在较大影响，各处理土壤全磷含量均随土层加深而降低，且 5～10 cm 土层高于其他土层。0～10 cm 土层，土壤全磷含量均为免耕＞深松＞翻耕＞旋耕。各处理在20～40 cm 土层土壤全磷含量明显降低，主要是因为表层土壤有各种作物残茬还田，而深层土壤全磷主要被作物吸收，而还田补充较少，因此明显低于表层土壤含量。

表 5-23　不同耕作方式对燕麦田土壤全磷含量的影响

单位：g/kg

处理	土层深度（cm）			
	0～5	5～10	10～20	20～40
免耕	0.51	0.54	0.49	0.37
深松	0.50	0.53	0.47	0.39
翻耕	0.48	0.51	0.45	0.35
旋耕	0.46	0.49	0.45	0.37

2. 不同耕作方式对燕麦田土壤全氮含量的影响

由表 5-24 可知，0～20 cm 土层均以翻耕处理土壤全氮含量为最高。20～40 cm 土层以免耕处理土壤全氮含量最高。免耕、翻耕、旋耕处理 0～5 cm 土层全氮含量高于其他土层，深松处理 5～10 cm 土壤全氮含量最高。随土层加深，全氮含量免耕处理表现为先降低后升高，深松处理表现为先升高后降低，翻耕处理下表现为逐渐降低，旋耕处理下表现为先降低后升高再降低的趋势。

表 5-24　不同耕作方式对燕麦田土壤全氮含量的影响

单位：g/kg

处理	土层深度（cm）			
	0～5	5～10	10～20	20～40
免耕	1.687	1.244	1.195	1.263
深松	1.293	1.609	1.550	1.195
翻耕	1.771	1.669	1.530	1.242
旋耕	1.554	1.206	1.285	0.952

3. 不同耕作方式对燕麦土壤速效氮含量的影响

由表 5-25 可知，0～5 cm、5～10 cm 土层速效氮含量以深松>旋耕>翻耕>免耕，10～20 cm、20～40 cm 土层速效氮含量旋耕>深松>翻耕>免耕。不同土层土壤速效氮含量，免耕处理表现为先降低后升高，深松处理表现为先升高后降低，翻耕处理表现为先升高后降低，旋耕处理表现为先升高后降低的趋势。

表 5-25　不同耕作方式对燕麦田土壤速效氮含量的影响

单位：mg/kg

处理	土层深度（cm）			
	0～5	5～10	10～20	20～40
免耕	13.32	11.40	5.45	12.12
深松	35.25	52.72	41.40	20.67
翻耕	21.94	32.50	35.72	19.89
旋耕	33.79	39.02	48.25	23.54

4. 不同耕作方式对燕麦田土壤速效钾含量的影响

由表 5-26 可知，0～40 cm 土层均以旋耕土壤速效钾含量为最高。免耕、深松处理 0～5 cm 土层速效钾含量高于其他土层，翻耕、旋耕土壤速效钾含量以 5～10 cm 为最高。速效钾含量随土层加深，免耕、深松处理表现为逐渐降低，翻耕、旋耕处理表现为先升高后降低的趋势。

表 5-26　不同耕作方式对燕麦田土壤速效钾含量的影响

单位：mg/kg

处理	土层深度（cm）			
	0～5	5～10	10～20	20～40
免耕	140	120	110	85
深松	165	155	145	100
翻耕	165	215	165	85
旋耕	215	300	165	105

5. 不同耕作方式对燕麦田土壤速效磷含量的影响

由表 5-27 可知，0～5 cm、5～10 cm 土层速效磷含量为旋耕>翻耕>深松>免耕。深松、翻耕、旋耕处理 5～10 cm 土层速效磷含量高于其他土层，免耕处理土壤速效磷含量以 0～5 cm 土层最高。速效磷含量随土层加深，免耕处理表现为先降低后升高再降低、深松处理表现为先升高后降低、翻耕处理表现为先升高后降低、旋耕处理表现为先升高后降低的趋势。

表 5-27　不同耕作方式对燕麦田土壤速效磷含量的影响

单位：mg/kg

处理	土层深度（cm）			
	0～5	5～10	10～20	20～40
免耕	9.59	7.61	9.34	2.62
深松	13.03	14.15	8.15	4.45
翻耕	15.19	19.89	14.76	4.31
旋耕	20.07	21.80	8.26	3.70

六、不同耕作方法对土壤微生物量碳的影响

(一) 不同耕作方法对玉米田土壤微生物量碳的影响

土壤微生物量碳是反映土壤养分有效状况和生物活性的指标之一，能在很大程度上反映土壤微生物数量，对土壤扰动非常敏感，但不受无机氮的直接影响，常作为土壤对环境响应的指示指标。从图 5-6 可以看出，各处理的土壤微生物量碳在玉米整个生育期呈双峰曲线变化趋势，两个峰值分别出现在拔节期和抽雄—开花期，且 0～10 cm 土层与 20 cm 土层的变化趋势相同，均表现为 0～10 cm>10～20 cm。

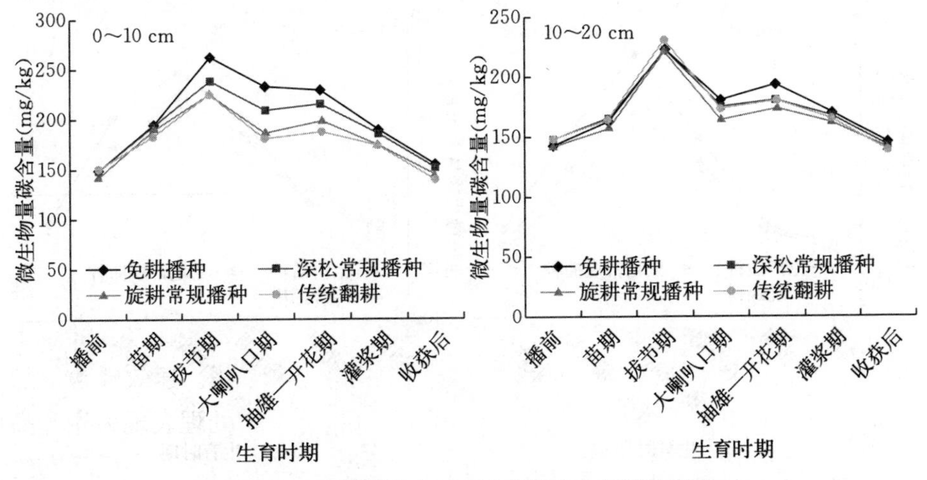

图 5-6　不同耕作方法对土壤微生物量碳的影响

由图 5－6 可看出，在 0～10 cm 土层中，4 种耕作方法在播种前土壤微生物量碳含量相差较小，大小顺序为传统翻耕＞深松常规播种＞旋耕常规播种＞免耕播种。但随着生育时期的推进，土壤微生物量碳含量呈先增加后减小再增加再减小的变化趋势。从苗期开始，土壤微生物量碳含量的大小开始变为免耕播种＞深松常规播种＞旋耕常规播种＞传统翻耕，但苗期 4 种处理的微生物含量未达显著水平，而在拔节期、大喇叭口期、抽雄—开花期、灌浆期均达显著水平或极显著水平。

在 10～20 cm 土层中，苗期—拔节期 4 种耕作方法对土壤微生物量碳含量的大小顺序均表现为传统翻耕＞旋耕常规播种＞免耕播种＞深松常规播种，而从拔节期开始至收获后，4 种耕作方法对土壤微生物量碳含量的大小顺序均表现为免耕播种＞深松常规播种＞旋耕常规播种＞传统翻耕。

（二）不同耕作方法对小麦田土壤微生物量碳的影响

由图 5－7 可以看出，3 种耕作方法对小麦田土壤微生物量碳含量的影响趋势相同，随着生育时期的推进均呈单峰曲线变化趋势，在孕穗抽穗期达到峰值。在播前—苗期生长期间内，3 种耕作措施下 0～10 cm、10～20 cm 土层土壤微生物量碳含量大小顺序均表现为传统翻耕＞重耙常规播种＞免耕播种，而在苗期以后，3 种耕作措施下 0～10 cm、10～20 cm 土层土壤的微生物量碳含量均表现为免耕播种＞重耙常规播种＞传统翻耕。

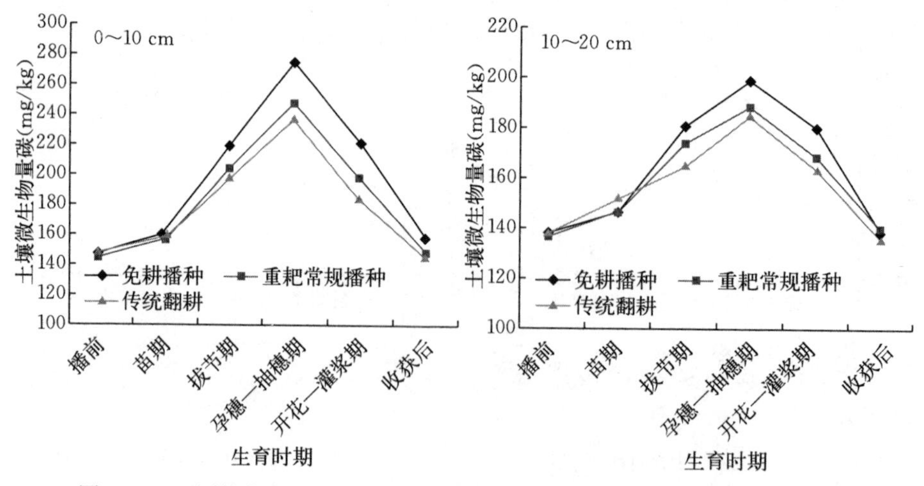

图 5－7　不同耕作方法对小麦不同生育时期土壤微生物量碳的动态变化影响

七、不同耕作方法对土壤微生物量氮的影响

（一）不同耕作方法对玉米田土壤微生物量氮的影响

由图 5-8 可知，各处理的土壤微生物量氮在玉米整个生育期呈双峰曲线变化趋势，两个峰值分别出现在拔节期和抽雄—开花期，且 0～10 cm 土层与 20 cm 土层的变化趋势相同，均表现为 0～10 cm>10～20 cm。4 种耕作方法处理土壤微生物量氮含量的大小顺序均表现为免耕播种>深松常规播种>旋耕常规播种>传统翻耕。

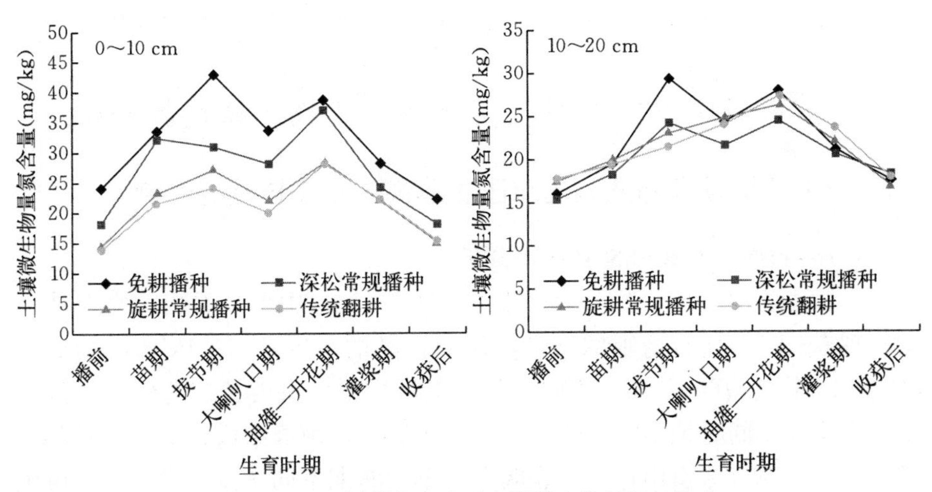

图 5-8 不同耕作方法对土壤微生物量氮的影响

（二）不同耕作方法对小麦田土壤微生物量氮的影响

由图 5-9 可知，3 种耕作方法对小麦田土壤微生物量氮含量的影响趋势相同，随着生育时期的推进均呈单峰曲线变化趋势，在拔节期达到峰值。在播前和苗期时，3 种耕作措施对 0～10 cm、10～20 cm 土层土壤微生物量氮含量的影响较小，而在拔节期以后，0～10 cm 土层土壤微生物量氮含量的大小顺序均表现为免耕播种>重耙常规播种>传统翻耕。

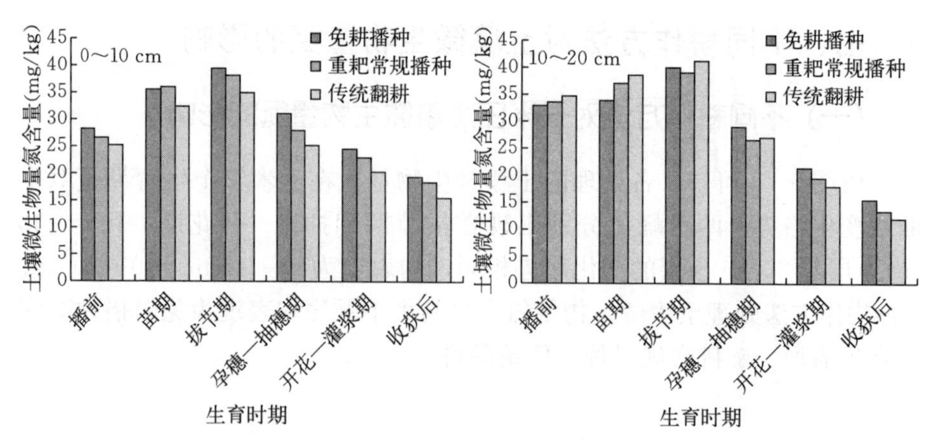

图 5－9　不同耕作方法对小麦不同生育时期土壤微生物量氮的动态变化影响

八、不同耕作方法对农田土壤微生物多样性的影响

（一）不同耕作方法对玉米田土壤微生物多样性的影响

1. 16S rDNA PCR－SSCP 图谱分析

从微生物 PCR－SSCP 电泳图谱（图 5－10）中可以看出，每个泳道均出现 6～12 条比较清晰的条带，说明样品的 16S rDNA PCR 产物通过 SSCP 得到了较好的分离。不同样品的电泳图谱，主要条带的位置大致相同，表明在不同时期不同耕作方式下，土壤中的菌群结构相似，同时部分条带并不在所有泳道中存在，表明了在不同时期不同耕作方式下，土壤中的菌群也具有多态性。条带的明亮程度与条带中 DNA 的含量及土壤中该种群的数量成正比，同一位置处条带越亮，表明土壤中这类菌群的数量越多。

2. 不同时期不同耕作条件下土壤细菌 SSCP 图谱丰度变化规律

在生物多样性的分析中，丰度代表一定区域的物种数，反映到 SSCP 指纹图谱上则代表某个样品中所有条带数量的总和。当某一种群的基因组 DNA 在群落总 DNA 中的含量少于 1.5%时，SSCP 将无法检测到该种群的存在，因此 SSCP 图谱所反映的是各样品中优势细菌类群的总体状况。

本试验对不同耕作条件下不同时期土壤细菌 16S rDNA PCR－SSCP 图谱的丰度分析得出（表 5－28），不同土壤样品间的丰度差异较大，第

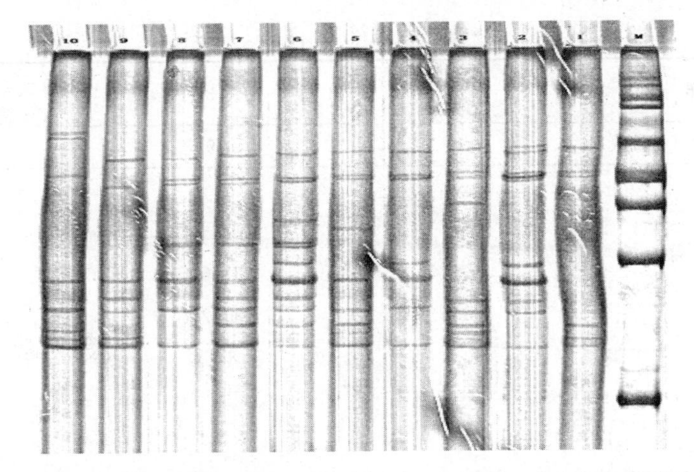

图 5-10 不同时期不同耕作方法土样 16S rDNA V3 区 PCR-SSCP 结果

Line M：250bp DNA Ladder Marker

Line 1：第一批常规耕作土样　Line 2：第一批保护性耕作土样

Line 3：第二批无秸秆土样　Line 4：第二批秸秆还田土样

Line 5：第三批成熟期常规耕作土样　Line 6：第三批成熟期免耕栽培土样

Line 7：第四批收获后免耕栽培土样　Line 8：第四批收获后常规耕作土样

Line 9：第五批播种前常规耕作土样　Line10：第五批播种前免耕栽培土样

20 号带在所有样品中均有检出，且优势度较高，表明该条带所代表的微生物类群是不同时期不同耕作方式下土壤中所共有的土壤细菌类群。1、2、4、5、9、12、13 号条带所代表的土壤细菌类群只在保护性耕作的土样中检出，其中 1、2 号条带所代表的土壤细菌类群只在播种前保护性耕作的土样中检出，8、10 号条带所带所代表的土壤细菌类群只在常规耕作的土样中检出，而第 3、6、7、11、14、15、16、17、18、19 号 10 条条带所代表的土壤细菌类群，在大部分土样中检出。在各时期，保护性耕作土样的丰度均高于常规耕作，表明保护性耕作土壤中土壤细菌类群增加。

表 5-28 土壤微生物 16S rDNA PCR-SSCP 图谱的丰度及优势度

样　品		1	2	3	4	5
丰度（条带数）		6	9	9	7	9
优势度	1	—	—	—	—	—
	2	—	—	—	—	—
	3	15.6%	8.8%	12.3%	14.1%	12.1%

（续）

样　品		1	2	3	4	5
丰度（条带数）		6	9	9	7	9
优势度	4	—	9.3%	—	—	—
	5	—	—	—	—	—
	6	17.3%	—	11.0%	11.9%	10.8%
	7	15.7%	9.4%	11.2%	13.0%	10.6%
	8	—	—	8.1%	—	—
	9	—	—	—	—	—
	10	—	—	—	—	8.9%
	11	—	—	—	—	—
	12	—	—	—	—	—
	13	—	8.1%	—	13.5%	—
	14	—	14.2%	—	11.4%	11.9%
	15	—	11.4%	10.3%	—	—
	16	—	16.2%	11.9%	17.5%	13.0%
	17	16.4%	—	11.4%	—	11.2%
	18	17.8%	—	11.3%	—	13.2%
	19	17.2%	10.7%	12.5%	18.6%	8.3%
样　品		6	7	8	9	10
丰度（条带数）		12	9	7	7	8
优势度	1	—	—	—	—	14.8%
	2	—	—	—	—	15.4%
	3	12.5%	12.0%	19.4%	15.8%	—
	4	—	—	—	—	—
	5	—	—	—	—	12.0%
	6	10.7%	11.3%	16.0%	—	—
	7	10.6%	11.3%	14.1%	12.4%	—
	8	—	—	—	—	—
	9	8.6%	—	—	—	—
	10	—	—	—	—	—
	11	5.7%	9.0%	14.2%	—	—

（续）

样　品		6	7	8	9	10
丰度（条带数）		12	9	7	7	8
优势度	12	7.6%	—	—	—	—
	13	5.7%	—	—	—	—
	14	7.8%	8.9%	9.7%	12.9%	10.2%
	15	8.3%	9.7%	—	14.8%	—
	16	6.6%	10.9%	9.9%	15.2%	11.5%
	17	6.5%	12.4%	—	—	12.3%
	18	—	—	—	15.2%	11.9%
	19	9.5%	14.4%	16.7%	13.7%	11.9%

3. 微生物 16S rDNA PCR－SSCP 图谱优势度分析

条带的优势度反映该条带的量在整个样品中所占的比例大小，对具有代表性的优势条带的优势度分析，在一定程度上反映土壤中原核微生物群落变化的情况，对主体条带之间的优势度的变化规律的比较，在一定程度上可反映优势菌群之间的种群关系。

本试验对不同时期不同耕作方式下的土壤样品细菌 16S rDNA PCR－SSCP 图谱进行了优势度分析（表 5－28），结果发现：不同样品间，处于同一位置处的条带，其优势度均不相同。第 20 号条带在所有样品中均有检出，其优势度在收获后的时期最低，其优势度变化规律在不同时期和不同耕作方式下均有不同，反映出不同时期不同耕作方式土样中该类群微生物量存在差异。不同时期内常规耕作方式下，土样中 3、6 号条带优势度在播种到收获各时期先增加后减少，其余条带优势度变化规律在不同时期均有不同，表明在常规耕作方式下，不同时期土壤中土壤细菌类群的数量存在差异。在保护性耕作方式下，3、7、13、14、17 号条带优势度随着时间先增加后下降，6 号条带优势度在 11.0%周围波动。同一时期，常规耕作土样中条带优势度与保护性耕作土样中优势度相比，变化规律均不相同，表明同一时期，不同耕作方式下土壤中土壤细菌数量存在差异。多条条带在部分样品中未检测到，这可能是不同时期、不同耕作方式及外界环境中温度、湿度的不同导致了这种菌群生长代谢繁殖受到影响，或者是环境条件适宜某种微生物的生长，而这种微生物的大量生长繁殖又抑制了其他细菌的生长。

4. 18S rDNA PCR－SSCP 图谱分析

从微生物 PCR－SSCP 电泳图谱（图 5－11）中可以看出，每个泳道均出现 12～21 条比较清晰的条带，说明样品的 18S rDNA PCR 产物通过 SSCP 得到了较好的分离。

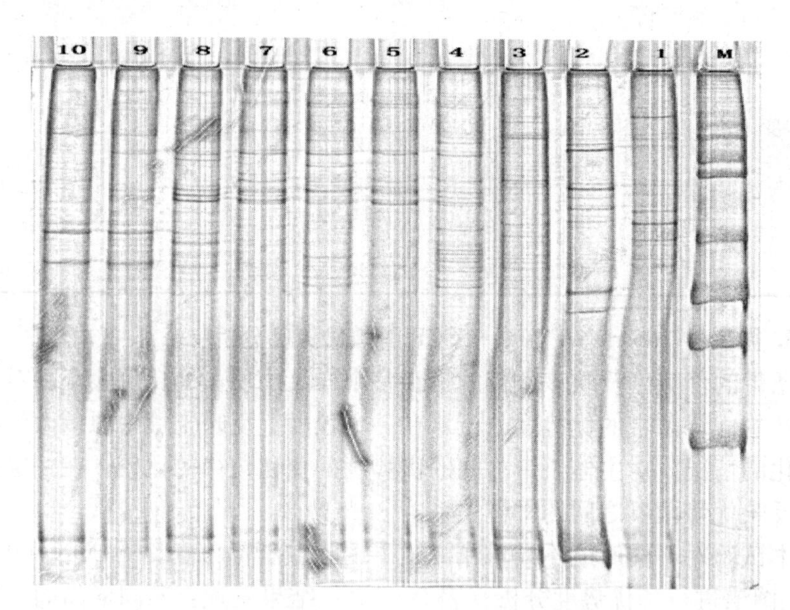

图 5－11　不同时期不同耕作方法土样 18S rDNA V8V9 区 PCR－SSCP 结果

Line M：250bp DNA Ladder Marker

Line 1：第一批常规耕作土样　Line 2：第一批保护性耕作土样

Line 3：第二批无秸秆土样　Line 4：第二批秸秆还田土样

Line 5：第三批成熟期常规耕作土样　Line 6：第三批成熟期免耕栽培土样

Line 7：第四批收获后免耕栽培土样　Line 8：第四批收获后常规耕作土样

Line 9：第五批播种前常规耕作土样　Line10：第五批播种前免耕栽培土样

5. 不同耕作时期不同耕作条件下土壤真菌 SSCP 图谱丰度变化规律

本试验对不同耕作条件下不同耕作时期土壤真菌 18S rDNA PCR－SSCP 图谱的丰度分析得出：不同土样间丰度差异较大。第 5、11、15、21、24、25 号条带所在所有样品中均有检出，优势度相对较高，表明这 6 条条带所代表的微生物类群是不同时期不同耕作方式下土壤中所共有的土壤真菌类群。第 3、4、8、22 号 4 条条带所代表的土壤真菌只在常规耕作方式下的个别土样中检出，第 1、2、6、7、8、9、10、12、14、16、17、18、19、20、23 号 15 条条带所代表的土壤真菌类群在保护性耕作方式下只在个别时期的土样中检出，第 13 号条带所代表的土壤真菌类群仅在无秸秆土壤样品中未被检出。

6. 微生物 18S rDNA PCR-SSCP 图谱优势度分析

本实验对不同时期不同耕作方式下土壤中真菌 18S rDNA PCR-SSCP 图谱进行了优势度分析（表 5-29）。结果发现：不同样品间位于同一位置处的条带，其优势度变化不太大。第 5、11、15、21、24、25 号条带优势度变化不太大，基本在 8%左右波动，但其优势度在各时期内，常规耕作与保护性耕作间变化趋势均不同，反映出不同时期不同耕作方式土样中该类微生物量存在差异。常规耕作方式下，各时期条带优势度总体变化为先保持基本不变后下降；保护性耕作方式下，各时期条带优势度总体变化为先增加后减少再增加的趋势，变化幅度较小。不同耕作方式下，各时期土壤中真菌类群种类较多，优势度变化不大。

表 5-29　土壤微生物 18S rDNA PCR-SSCP 图谱的丰度及优势度

样　　品		1	2	3	4	5
丰度（条带数）		14	12	14	17	13
优势度	1			6.3%	4.9%	7.5%
	2	5.9%	8.5%	0.0%	6.0%	5.9%
	3	6.4%	0.0%	6.2%	0.0%	0.0%
	4	0.0%	0.0%	5.7%	0.0%	0.0%
	5	6.9%	7.8%	7.9%	5.6%	7.4%
	6	9.4%	5.5%	0.0%	0.0%	0.0%
	7	0.0%	0.0%	0.0%	7.5%	6.4%
	8	0.0%	0.0%	0.0%	0.0%	0.0%
	9	0.0%	0.0%	0.0%	0.0%	10.4%
	10	0.0%	0.0%	6.8%	7.5%	0.0%
	11	9.0%	6.9%	6.4%	6.0%	10.5%
	12	7.7%	0.0%	0.0%	5.8%	7.0%
	13	7.8%	8.1%	0.0%	5.8%	7.9%
	14	0.0%	9.6%	7.7%	0.0%	0.0%
	15	7.4%	10.0%	7.5%	5.8%	8.1%
	16	6.6%	0.0%	7.2%	6.1%	0.0%
	17	0.0%	0.0%	0.0%	5.9%	0.0%
	18	6.6%	0.0%	7.0%	5.6%	0.0%

（续）

样　品		1	2	3	4	5
丰度（条带数）		14	12	14	17	13
优势度	19	6.3%	10.0%	8.2%	5.3%	7.4%
	20	0.0%	0.0%	0.0%	5.1%	0.0%
	21	6.9%	8.2%	7.8%	5.4%	7.0%
	22	0.0%	0.0%	0.0%	0.0%	0.0%
	23	0.0%	8.9%	0.0%	0.0%	0.0%
	24	6.8%	8.6%	7.4%	5.9%	6.4%
	25	6.4%	7.9%	7.8%	5.9%	8.2%
样　品		6	7	8	9	10
丰度（条带数）		15	12	21	14	15
优势度	1	5.8%	7.0%	4.9%	6.2%	6.7%
	2	5.1%	6.4%	5.1%	7.8%	0.0%
	3	0.0%	0.0%	0.0%	0.0%	0.0%
	4	0.0%	0.0%	4.4%	6.8%	0.0%
	5	9.1%	11.1%	5.2%	6.0%	5.2%
	6	0.0%	0.0%	0.0%	0.0%	5.4%
	7	10.1%	11.6%	6.0%	9.8%	6.5%
	8	0.0%	0.0%	4.3%	0.0%	6.7%
	9	6.5%	0.0%	0.0%	0.0%	6.9%
	10	0.0%	0.0%	0.0%	0.0%	6.9%
	11	6.6%	8.6%	4.4%	9.9%	6.8%
	12	0.0%	6.4%	5.0%	0.0%	0.0%
	13	6.3%	7.6%	4.9%	5.4%	7.0%
	14	0.0%	0.0%	5.2%	0.0%	0.0%
	15	5.5%	9.0%	5.3%	5.8%	7.1%
	16	0.0%	6.9%	5.5%	7.7%	6.3%
	17	6.2%	0.0%	3.8%	0.0%	0.0%
	18	6.6%	0.0%	4.0%	0.0%	0.0%
	19	6.9%	0.0%	4.2%	7.1%	5.3%
	20	6.2%	0.0%	4.8%	7.3%	0.0%
	21	6.9%	7.4%	5.1%	7.5%	7.3%
	22	0.0%	0.0%	4.3%	0.0%	0.0%
	23	0.0%	0.0%	3.9%	0.0%	0.0%
	24	6.2%	9.2%	4.2%	7.4%	8.8%
	25	6.1%	8.8%	5.4%	5.5%	7.0%

（二）不同耕作方法对小麦田土壤微生物多样性的影响

1. 16S rDNA PCR-SSCP 图谱分析

从微生物 PCR-SSCP 电泳图谱（图 5-12）中可以看出，每个泳道均出现 12～20 条比较清晰的条带，说明样品的 16S rDNA PCR 产物通过 SSCP 得到了较好的分离。不同样品的电泳图谱主要条带的位置大致相同，表明在不同时期不同耕作方式下，土壤中的菌群结构相似，同时部分条带并不在所有泳道中存在，表明了在不同时期不同耕作方式下，土壤中的菌群也具有多态性。条带的明亮程度与条带中 DNA 的含量及土壤中该种群的数量成正比，同一位置处条带越亮，表明土壤中这类菌群的数量越多。

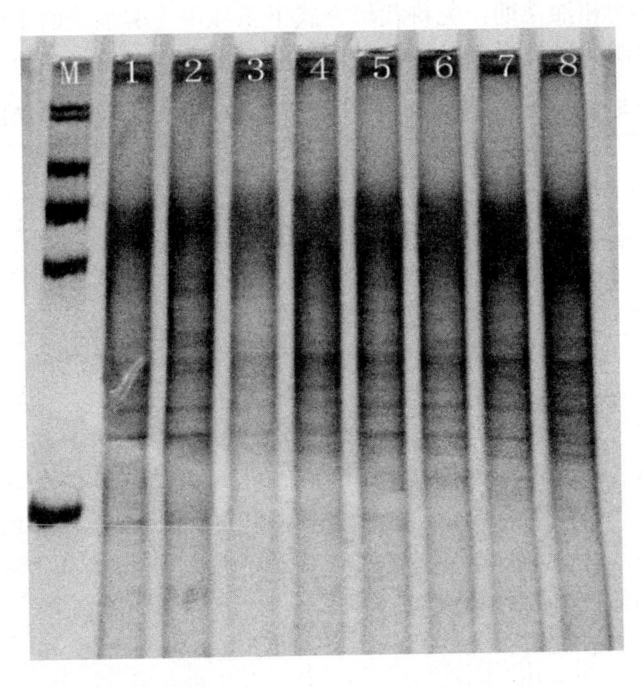

图 5-12 不同时期不同耕作方法土样微生物 16S rDNA V3 区 PCR-SSCP 结果

Line M：DL2000 DNA Marker

Line 1：拔节期常规耕作土样 Line 2：拔节期免耕栽培土样

Line 3：抽穗期常规耕作土样 Line 4：抽穗期免耕栽培土样

Line 5：灌浆期常规耕作土样 Line 6：灌浆期免耕栽培土样

Line 7：收获后常规耕作土样 Line 8：收获后免耕栽培土样

2. 不同时期不同耕作条件下土壤细菌 SSCP 图谱丰度变化规律

本试验对不同时期不同耕作条件下土壤细菌 16S rDNA PCR－SSCP 图谱的丰度分析（表 5－30），结果发现：不同土壤样品间的丰度差异较大，第 5、19 号带在所有样品中均有检出，且优势度较高，表明该条带所代表的微生物类群是不同时期不同耕作方式下土壤中所共有的土壤细菌类群。第 2 号条带所代表的土壤细菌类群只在免耕栽培耕作方式下的土样中检出。其中第 9 号条带所代表的土壤细菌类群只在拔节期免耕栽培的土样中检出；第 27、28 号条带所代表的土壤细菌类群只在收获后的土样中检出，而第 27 号条带所代表的土壤细菌类群只在收获后免耕栽培的土样中检出；第 1、3、6、7、10、11、12、13、14、15、16、17、18、21、23、25、26、29 号这 18 条条带所代表的土壤细菌类群，在大部分土样中检出。在拔节期和抽穗期，免耕栽培方式下土样中土壤细菌的丰度高于常规耕作的，表明保护性耕作土壤中土壤细菌类群有相对增加趋势。

表 5－30　土壤微生物 16S rDNA PCR－SSCP 图谱的丰度及优势度

样　品		1	2	3	4	5	6	7	8
丰度（条带数）		12	19	12	15	13	13	20	20
优势度	1	0.00%	8.93%	0.00%	3.04%	0.00%	0.00%	10.34%	11.73%
	2	0.00%	8.62%	0.00%	3.27%	0.00%	0.00%	0.00%	11.49%
	3	4.50%	5.77%	10.35%	3.78%	0.00%	0.00%	10.59%	0.00%
	4	0.00%	0.00%	0.00%	0.00%	0.00%	10.17%	8.16%	9.08%
	5	5.73%	4.87%	9.91%	4.53%	14.08%	13.97%	7.03%	8.41%
	6	0.00%	0.00%	8.58%	5.04%	10.90%	0.00%	7.73%	0.00%
	7	0.00%	5.64%	0.00%	0.00%	6.96%	0.00%	3.99%	5.73%
	8	11.77%	4.76%	0.00%	0.00%	0.00%	0.00%	0.00%	4.65%
	9	0.00%	4.06%	0.00%	0.00%	0.00%	0.00%	0.00%	0.00%
	10	12.68%	4.20%	7.49%	0.00%	0.00%	0.00%	0.00%	4.14%
	11	0.00%	4.22%	0.00%	5.88%	5.99%	12.32%	3.38%	0.00%
	12	10.35%	0.00%	7.37%	4.02%	7.99%	0.00%	0.00%	3.35%
	13	10.06%	4.06%	6.72%	0.00%	0.00%	0.00%	3.51%	3.42%
	14	0.00%	5.17%	0.00%	5.07%	6.80%	5.52%	0.00%	0.00%
	15	0.00%	0.00%	7.85%	5.21%	5.64%	5.02%	3.14%	3.28%

（续）

样　品		1	2	3	4	5	6	7	8
丰度（条带数）		12	19	12	15	13	13	20	20
优势度	16	0.00%	0.00%	0.00%	0.00%	4.55%	6.35%	2.20%	2.33%
	17	4.77%	5.09%	7.90%	7.10%	0.00%	6.86%	3.46%	3.48%
	18	0.00%	0.00%	6.40%	6.89%	6.07%	5.99%	3.44%	0.00%
	19	10.39%	3.41%	5.07%	8.43%	5.69%	7.77%	3.16%	3.02%
	20	0.00%	3.39%	13.48%	0.00%	0.00%	0.00%	0.00%	11.25%
	21	10.31%	0.00%	0.00%	10.10%	0.00%	7.93%	2.78%	3.45%
	22	0.00%	0.00%	0.00%	0.00%	5.01%	9.04%	1.94%	0.00%
	23	5.40%	3.29%	0.00%	0.00%	0.00%	0.00%	1.94%	3.17%
	24	0.00%	1.88%	0.00%	0.00%	0.00%	0.00%	6.86%	0.00%
	25	0.00%	7.50%	8.88%	13.12%	0.00%	0.00%	0.00%	2.36%
	26	6.88%	7.83%	0.00%	0.00%	14.52%	3.97%	4.89%	0.00%
	27	0.00%	0.00%	0.00%	0.00%	0.00%	0.00%	0.00%	1.99%
	28	0.00%	0.00%	0.00%	0.00%	0.00%	0.00%	9.80%	1.73%
	29	7.17%	7.31%	0.00%	14.52%	5.83%	5.10%	1.64%	1.94%

3. 微生物 16S rDNA PCR－SSCP 图谱优势度分析

本试验对不同时期不同耕作方式下的土壤样品细菌 16S rDNA PCR－SSCP 图谱进行了优势度分析（表 5－30），结果发现：不同样品间，处于同一位置处的条带，其优势度均不相同，反映出不同时期不同耕作方式土样中该类群微生物量存在差异。拔节期常规耕作土样中，10 号条带优势度最高，表明相应的土壤细菌种类在该条件下数量最多；以此类推，拔节期免耕栽培土样中，1、2 号条带相应的土壤细菌种类数量最多；抽穗期常规耕作土样中，20 号条带相应的土壤细菌种类数量最多；抽穗期免耕栽培土样中，29 号条带相应的土壤细菌种类数量最多；灌浆期常规耕作土样中，5、26 号条带相应的土壤细菌种类数量最多；灌浆期免耕栽培土样中，5 号条带相应的土壤细菌种类数量最多；收获后常规耕作土样中，1、3 号条带相应的土壤细菌种类数量最多；收获后免耕栽培土样中，1、

2、20号条带相应的土壤细菌种类数量最多。第5、19号条带在所有样品中均有检出，5号条带优势度在拔节期相对最低，19号条带的优势度在收获后相对最低。结合丰度和优势度，收获后土样中土壤细菌种类丰度较多，但每种土壤细菌的数量相对较少。

4. 18S rDNA PCR－SSCP 图谱分析

从微生物 PCR－SSCP 电泳图谱中可以看出（图5－13），每个泳道均出现8～24条比较清晰的条带，说明样品的18S rDNA PCR 产物通过 SSCP 得到了较好的分离。

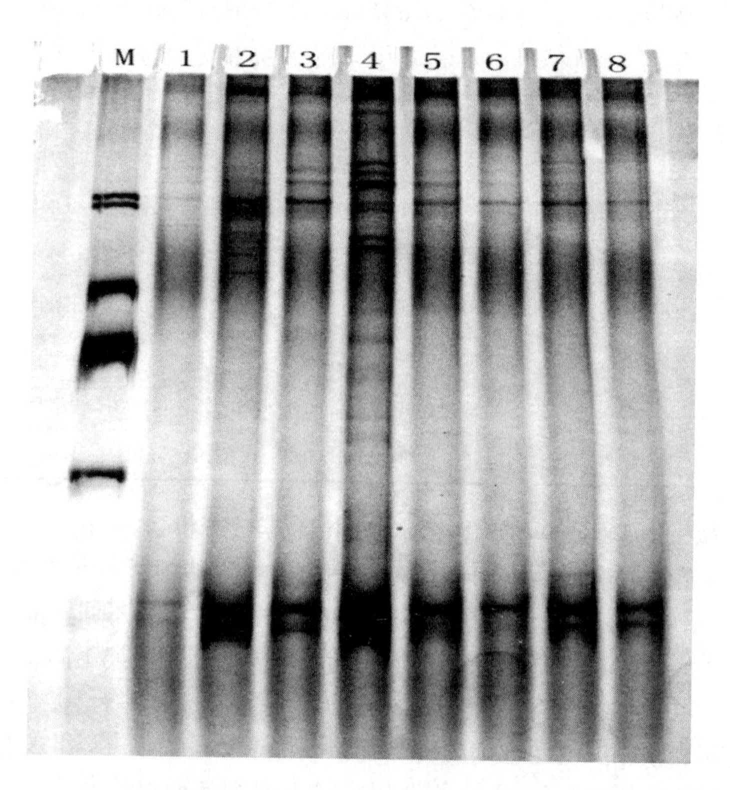

图5－13　不同时期不同耕作方法土样微生物18S rDNA V8V9区 PCR－SSCP 结果

Line M：DL2000 DNA Marker

Line 1：拔节期常规耕作土样　Line 2：拔节期免耕栽培土样

Line 3：抽穗期常规耕作土样　Line 4：抽穗期免耕栽培土样

Line 5：灌浆期常规耕作土样　Line 6：灌浆期免耕栽培土样

Line 7：收获后常规耕作土样　Line 8：收获后免耕栽培土样

5. 不同耕作条件下不同耕作时期土壤真菌 SSCP 图谱丰度和优势度分析

本试验对不同耕作时期不同耕作条件下土壤真菌 18S rDNA PCR-SSCP 图谱的丰度分析（表 5-31），结果发现：不同土样间丰度差异较大。第 8、9、11、32 号 4 条条带在所有样品中均有检出，优势度也相对较高，表明这 4 条条带所代表的微生物类群是在不同时期不同耕作方式下土壤中所共有的真菌微生物类群。第 4、16、17、20、21、22、23、24、25、26、27、28、29、36 号 14 条条带所代表的土壤真菌只在常规耕作方式下的个别土样中检出，而第 5、14、18、19、30、31 号 6 条条带在免耕栽培方式下的土样中检出。第 1 号条带只在拔节期的土样中检出。第 4、17、20、21、22、23、24、25、26、27、28、29、31、36 号条带只在抽穗期免耕栽培的土样中检出，第 5 号条带只在抽穗期常规耕作土样中检出，第 14 号条带只在拔节期常规耕作土样中检出，第 30 号条带只在收获后常规耕作土样中检出，这些条带优势度相对较高，推测是相应时期和相应耕作方式下特有的微生物种类。第 2、3、7、12、13、33、34、35 号条带在大部分样品中检出。

拔节期常规耕作土样中，14、32 号条带优势度最高，表明相应的土壤真菌种类在该条件下数量最多；拔节期免耕栽培土样中，19、32 号条带相应的土壤真菌种类数量最多；抽穗期常规耕作土样中，15 号条带相应的土壤真菌种类数量最多；抽穗期免耕栽培土样中，4、16、27 号条带相应的土壤真菌种类数量最多；灌浆期常规耕作土样中，9 号条带相应的土壤真菌种类数量最多；灌浆期免耕栽培土样中，32 号条带相应的土壤真菌种类数量最多；收获后常规耕作土样中，32 号条带相应的土壤真菌种类数量最多；收获后免耕栽培土样中，8、9 号条带相应的土壤真菌种类数量最多。第 8、9、11、32 号条带在所有样品中均有检出，8 号条带优势度在收获后相对最高，9 号条带的优势度在灌浆期相对最高，11 号条带的优势度在抽穗期相对最高，32 号条带的优势度在拔节期相对最高。结合丰度和优势度，抽穗期免耕栽培的土样中土壤真菌种类丰度最多，但每种土壤真菌的数量相对较少。

（三）不同耕作方式对燕麦土壤微生物群落多样性的影响

1. 优质序列统计

不同样品真菌序列统计结果见表 5-32 和表 5-33。燕麦免耕拔节期（MGB）的优质序列比例最高，为 86.87%。

表 5-31 土壤微生物 18S rDNA PCR-SSCP 图谱的丰度及优势度

样品		1	2	3	4	5	6	7	8
丰度（条带数）		8	15	13	24	11	10	15	13
优势度	1	9.78%	7.46%	0.00%	0.00%	0.00%	0.00%	0.00%	0.00%
	2	0.00%	6.66%	8.80%	5.24%	7.17%	14.88%	8.38%	10.99%
	3	16.28%	6.77%	6.15%	5.11%	0.00%	0.00%	0.00%	7.46%
	4	0.00%	0.00%	0.00%	6.39%	0.00%	0.00%	0.00%	0.00%
	5	0.00%	0.00%	6.94%	0.00%	0.00%	0.00%	0.00%	0.00%
	6	0.00%	0.00%	0.00%	4.63%	0.00%	0.00%	5.35%	6.07%
	7	0.00%	0.00%	0.00%	4.92%	0.00%	9.14%	4.74%	6.79%
	8	8.64%	6.89%	6.16%	5.21%	9.07%	5.87%	7.44%	12.77%
	9	8.08%	7.11%	6.86%	5.64%	13.86%	6.05%	4.72%	12.35%
	10	0.00%	7.68%	0.00%	0.00%	0.00%	0.00%	4.50%	9.64%
	11	8.62%	5.06%	9.97%	5.07%	6.78%	6.57%	4.91%	7.08%
	12	0.00%	0.00%	6.86%	4.54%	6.01%	6.79%	4.90%	6.66%
	13	0.00%	4.69%	6.15%	0.00%	11.76%	6.43%	4.95%	4.71%
	14	19.89%	0.00%	0.00%	0.00%	0.00%	0.00%	0.00%	0.00%
	15	0.00%	5.28%	11.86%	4.70%	0.00%	0.00%	0.00%	0.00%
	16	0.00%	6.22%	0.00%	6.12%	0.00%	0.00%	0.00%	0.00%
	17	0.00%	0.00%	0.00%	3.40%	0.00%	0.00%	0.00%	0.00%
	18	0.00%	6.34%	0.00%	0.00%	0.00%	0.00%	0.00%	0.00%
	19	0.00%	8.49%	0.00%	0.00%	0.00%	0.00%	0.00%	0.00%
	20	0.00%	0.00%	0.00%	4.10%	0.00%	0.00%	0.00%	0.00%
	21	0.00%	0.00%	0.00%	2.87%	0.00%	0.00%	0.00%	0.00%
	22	0.00%	0.00%	0.00%	3.20%	0.00%	0.00%	0.00%	0.00%
	23	0.00%	0.00%	0.00%	2.77%	0.00%	0.00%	0.00%	0.00%
	24	0.00%	0.00%	0.00%	2.67%	0.00%	0.00%	0.00%	0.00%
	25	0.00%	0.00%	0.00%	2.29%	0.00%	0.00%	0.00%	0.00%
	26	0.00%	0.00%	0.00%	2.07%	0.00%	0.00%	0.00%	0.00%
	27	0.00%	0.00%	0.00%	6.64%	0.00%	0.00%	0.00%	0.00%
	28	0.00%	0.00%	0.00%	2.50%	0.00%	0.00%	0.00%	0.00%
	29	0.00%	0.00%	0.00%	2.67%	0.00%	0.00%	0.00%	0.00%
	30	0.00%	0.00%	0.00%	0.00%	0.00%	0.00%	5.59%	0.00%
	31	0.00%	0.00%	8.29%	0.00%	6.66%	0.00%	6.44%	0.00%
	32	19.43%	8.60%	5.86%	2.66%	6.19%	18.11%	10.36%	4.98%
	33	0.00%	0.00%	0.00%	0.00%	11.03%	13.11%	9.78%	5.28%
	34	9.27%	7.49%	6.35%	0.00%	9.94%	13.04%	9.19%	0.00%
	35	0.00%	5.25%	9.76%	0.00%	11.55%	0.00%	8.75%	5.23%
	36	0.00%	0.00%	0.00%	4.58%	0.00%	0.00%	0.00%	0.00%

表 5-32　土壤真菌序列数统计表

样　　品	编号	有效序列	优质序列	比例
燕麦翻耕拔节期	FGB	18 641	14 640	78.54%
燕麦免耕拔节期	MGB	32 344	28 098	86.87%
燕麦翻耕灌浆期	YGF	15 904	12 098	76.07%
燕麦免耕灌浆期	YGM	15 995	11 996	75.00%

表 5-33　土壤样品细菌序列数统计表

样　　品	编号	有效序列	优质序列	比例
燕麦翻耕灌浆期	YGF	174 498	124 558	71.38%
燕麦免耕灌浆期	YGM	174 593	133 746	76.60%

2. 操作分类单元（OTU）聚类分析

土壤微生物 OTU 聚类结果见图 5-14 和图 5-15，可以看出，真菌、细菌均以免耕拔节期（MGB）种类最多。

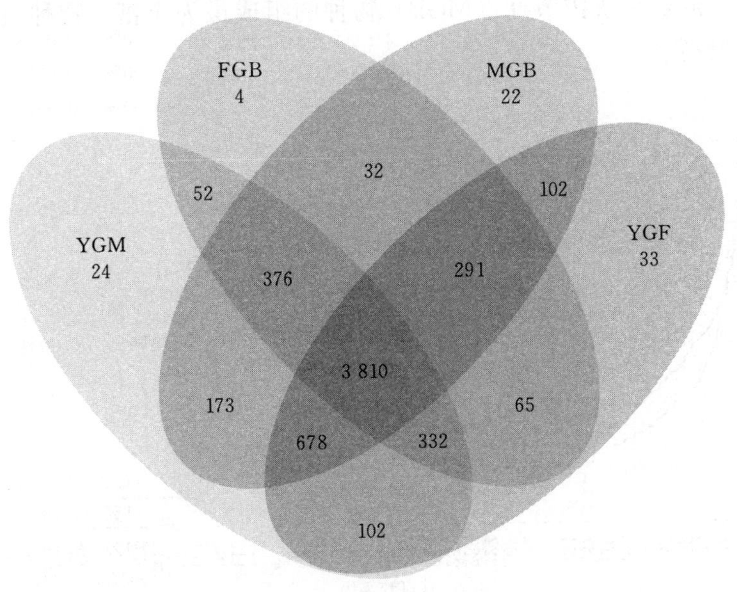

图 5-14　不同耕作方式对燕麦田土壤真菌 OTU 聚类图

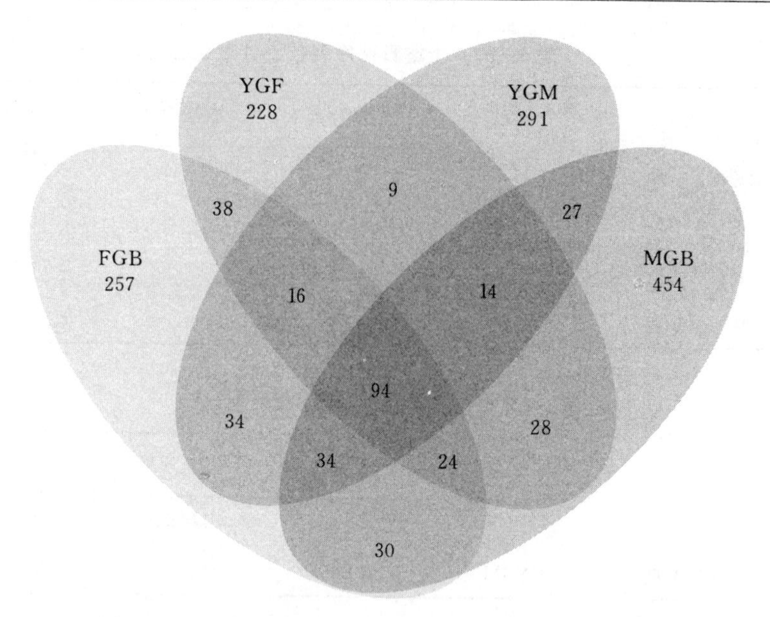

图 5-15　不同耕作方式对燕麦田土壤细菌 OTU 聚类图

3. 物种丰度分析

丰度分布曲线（Rank Abundance Curve）见图 5-16 和图 5-17，可以得出，燕麦免耕拔节期（MGB）物种的组成最为丰富，物种组成的均匀程度最高。

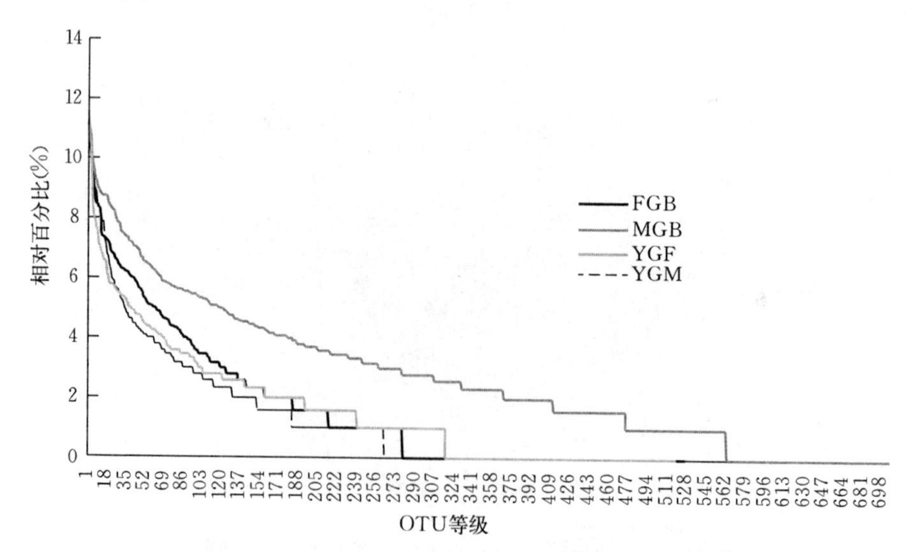

图 5-16　不同耕作方式对燕麦田土壤真菌丰度分布曲线

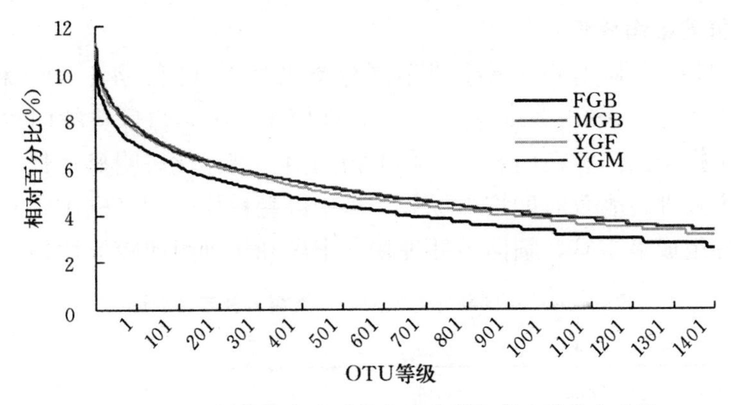

图 5-17　不同耕作方式对燕麦田土壤细菌丰度分布曲线

4. Alpha 多样性

不同耕作方式不同生育期燕麦土壤微生物多样性指数计算结果表明，免耕拔节期燕麦（MGB）的真菌群落多样性（shannon = 6.833 56，simpson = 0.025 436）和细菌群落多样性（shannon = 6.932 531，simpson = 0.002 968）为最高。灌浆期免耕燕麦（YGM）真菌群落多样性（shannon = 3.481 208，simpson = 0.105 341）最低，同时各个处理之间细菌群落多样性差异不显著（图 5-18）。

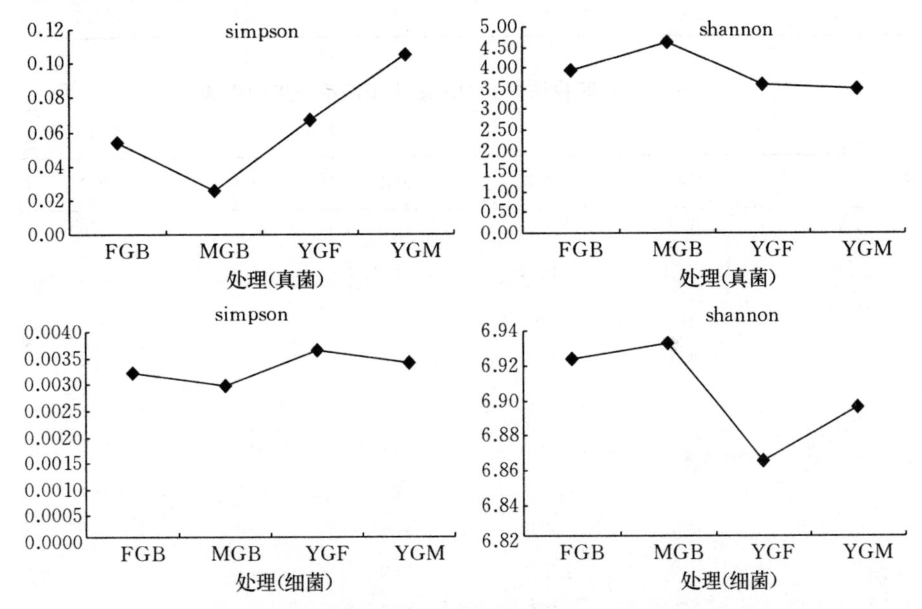

图 5-18　不同耕作方式对燕麦土壤微生物多样性比较

5. 群落结构分析

对OTU表利用Qiime生成不同分类水平上（门、纲、目、科、属）的物种丰度表（表5-34、表5-35）。在门水平上，占优势的门主要有子囊菌门、担子菌门。在门水平上微生物的演替规律比较明显，其中子囊菌门在各个处理各生育时期均占优势，其中以翻耕拔节期（FGB）的物种丰度和物种组成最丰富，细菌各处理物种丰度和物种组成较为均匀。

表5-34 不同耕作方式对燕麦土壤真菌丰度的影响

单位：%

Count	Total	YGM	YGF	MGB	FGB
0	0.0	0.0	0.0	0.0	0.0
0	0.3	0.0	0.6	0.6	0.0
3	64.3	59.5	58.2	56.0	83.6
0	2.4	1.2	1.2	5.7	1.7
0	1.0	0.0	0.1	3.9	0.0
0	0.1	0.0	0.1	0.1	0.0
0	0.0	0.0	0.0	0.0	0.0
0	1.2	0.0	0.0	4.7	0.0
1	30.7	39.2	39.8	28.9	14.7

表5-35 不同耕作方式对燕麦土壤细菌丰度的影响

单位：%

Count	Total	MGB	FGB	YGF	YGM
0	0.0	0.0	0.0	0.0	0.0
0	12.3	14.4	11.2	10.8	12.9
1	37.3	33.9	38.6	39.2	37.3
0	0.3	0.3	0.3	0.5	0.2
0	0.0	0.0	0.0	0.0	0.0
0	0.0	0.0	0.0	0.0	0.0
0	3.8	4.3	3.5	3.1	4.3
0	0.0	0.0	0.0	0.0	0.0
0	0.0	0.0	0.0	0.1	0.0
0	0.0	0.0	0.0	0.0	0.0

（续）

Count	Total	MGB	FGB	YGF	YGM
0	0.1	0.1	0.1	0.3	0.1
0	0.1	0.2	0.1	0.0	0.1
0	0.0	0.0	0.0	0.0	0.0
0	0.1	0.1	0.1	0.1	0.1
0	6.3	6.8	5.6	6.9	5.8
0	0.1	0.1	0.1	0.0	0.1
0	0.0	0.0	0.0	0.0	0.0
0	0.0	0.0	0.0	0.0	0.0
0	0.5	0.6	0.5	0.8	0.3
0	4.2	4.6	4.5	3.4	4.2
0	0.0	0.1	0.1	0.0	0.0
0	0.0	0.0	0.0	0.0	0.0
0	0.6	0.8	0.6	0.3	0.6
0	5.7	5.4	6.4	5.8	5.0
1	23.5	24.2	23.2	23.2	23.4
0	0.0	0.0	0.0	0.0	0.0
0	0.0	0.0	0.0	0.0	0.0
0	0.0	0.0	0.0	0.0	0.0
0	4.9	4.0	5.2	5.3	5.1
0	0.0	0.0	0.0	0.0	0.0

6. 物种丰度差异分析

根据门和属两个层次上序列数的统计信息，将各物种丰度归一到同数量级，丰度为 0 的用 0.000 1 代替，用 $\log_2$（样品 1/样品 2）计算样品之间物种丰度的倍数差异。

根据美国国立生物技术信息中心（National Center for Biotechnology Information，NCBI）提供的已有微生物物种的分类学信息数据库，将该测序得到的物种丰度信息回归至数据库的分类学系统关系树中，从整个分类系统上较为全面地了解样品中土壤微生物的进化关系和丰度差异。

7. 主成分分析与聚类分析

通过主成分分析（principal components analysis，PCA）可以观察个体或群体间的差异。对“属”水平上的分类及物种丰度进行主成分分析，使用 R 软件绘制 PCA 散点图（图 5－19、图 5－20）。

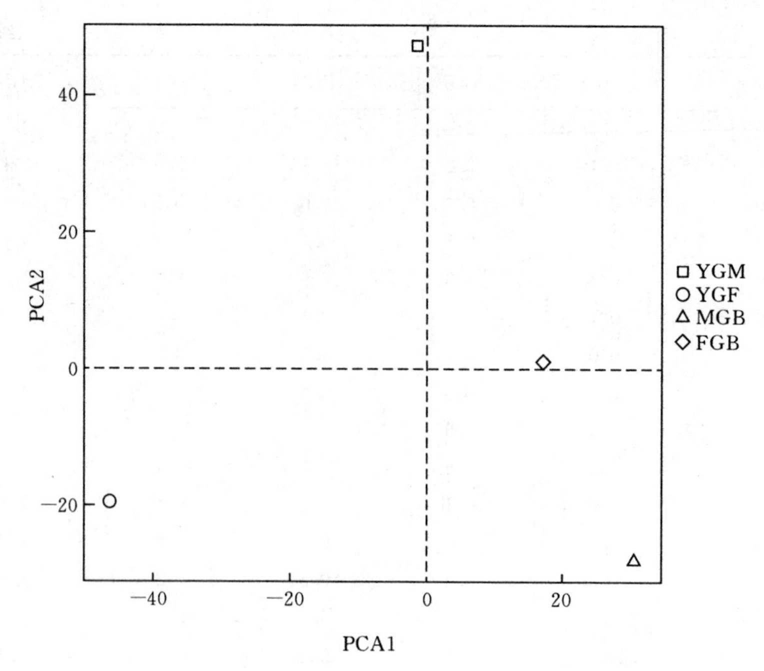

图 5-19　真菌主成分分析（PCA）图

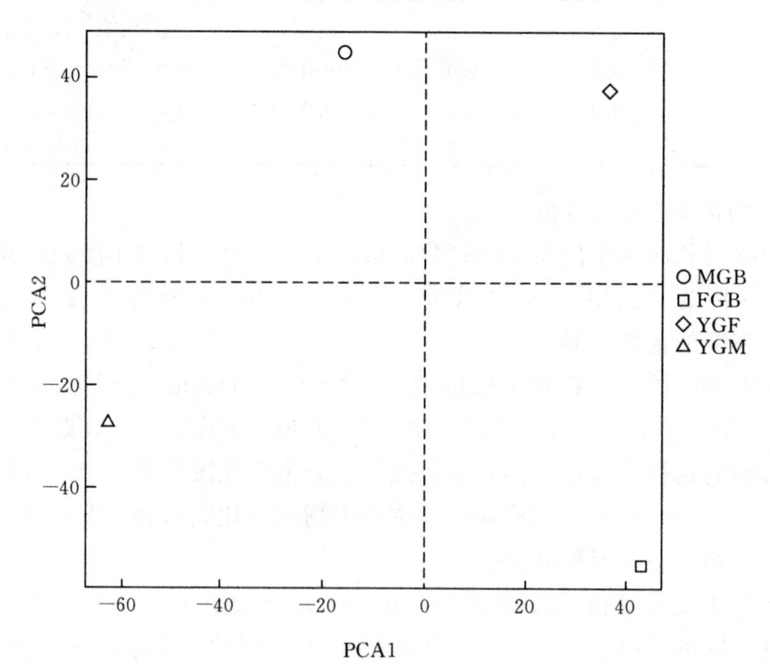

图 5-20　细菌主成分分析（PCA）图

8. 物种群落结构

基于物种和丰度信息，构建物种群落结构图，以反映样品中的物种和丰度分布情况，从中发现丰度较高的物种。节点的大小反映了对应物种水平的物种丰度，丰度≥1%的物种水平在图中标识（图 5-21、图 5-22）。

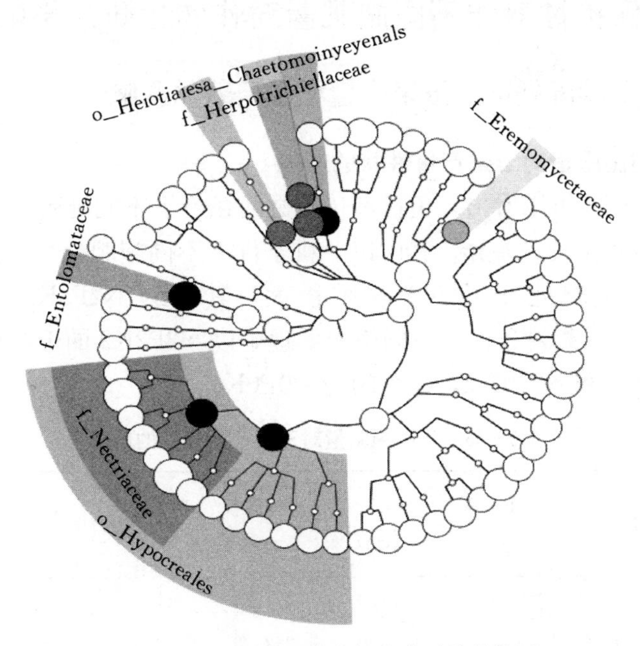

图 5-21 不同处理燕麦田真菌群落结构图

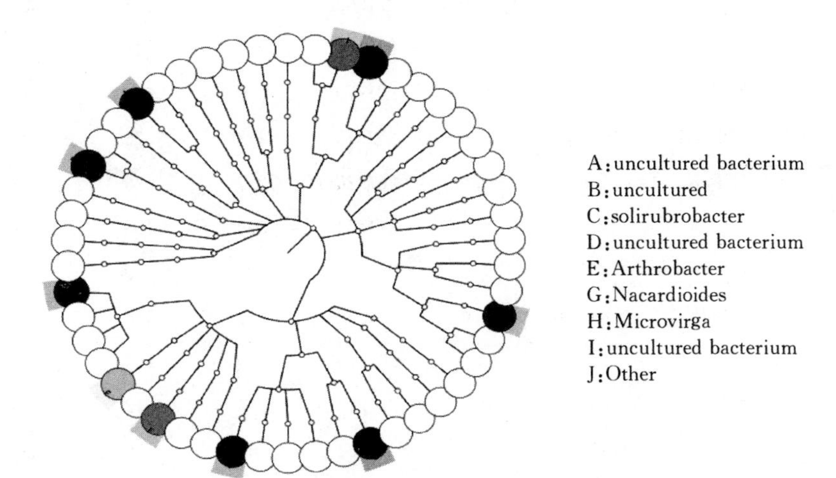

图 5-22 不同处理小麦田细菌群落结构图

第三节　保护性耕作水分运移、作物需肥规律及水肥调控技术研究

一、保护性耕作不同施肥量对作物生长的影响

（一）不同施肥量对玉米产量和经济效益影响

1. 不同施肥量对玉米产量性状的影响

由表 5－36 可以看出，免耕和传统翻耕条件下不同施肥量处理的玉米产量性状均存在较大差异。其中以免耕条件下不同施肥处理中以 N3P2K2 和 N1P1K2 施肥处理下的千粒重最大，其次为 N2P3K2，最小的为 N0P0K0 处理。翻耕条件下不同施肥处理中以 N2P2K2 的千粒重最大，其次为 N3P2K2 和 N1P1K2，最小的为 N0P0K0。

表 5－36　不同施肥量对玉米产量性状的影响

处　理		单株重（g）	穗长（cm）	单株穗重（g）	单株粒重（g）	穗粒数（粒）	千粒重（g）
免耕	N0P2K2	420	21.0	231.36	185	480	355
	N1P2K2	430	23.0	252.48	205	560	381
	N3P2K2	560	21.0	271.62	215	592	390
	N2P2K2	545	21.0	253.32	205	612	380
	N2P0K2	475	20.0	221.79	180	532	374
	N2P1K2	550	20.0	262.43	218	576	370
	N2P3K2	575	19.0	267.25	220	576	382
	N0P0K0	430	21.0	241.54	200	468	332
	N2P2K0	485	21.0	260.45	205	560	340
	N2P2K1	475	21.0	241.60	190	594	371
	N2P2K3	535	20.0	261.69	210	560	380
	N1P2K1	440	20.0	261.13	215	512	353
	N1P1K2	417	19.0	229.81	185	576	390
	N2P1K1	580	20.0	283.54	230	592	376

（续）

处　理		单株重（g）	穗长（cm）	单株穗重（g）	单株粒重（g）	穗粒数（粒）	千粒重（g）
翻耕	N0P2K2	381	20.5	224.10	170	462	347
	N1P2K2	531	18.5	223.47	187	490	368
	N3P2K2	469	20.0	253.03	213	578	377
	N2P2K2	428	20.0	250.31	212	576	378
	N2P0K2	445	21.0	213.28	176	434	334
	N2P1K2	438	21.0	248.86	209	462	358
	N2P3K2	512	20.5	233.95	196	576	326
	N0P0K0	492	20.0	208.48	180	392	323
	N2P2K0	391	20.0	230.19	199	448	331
	N2P2K1	402	22.0	233.01	191	518	359
	N2P2K3	571	20.0	246.91	201	576	363
	N1P2K1	410	21.0	242.58	208	592	343
	N1P1K2	364	19.0	214.90	184	518	377
	N2P1K1	516	20.5	259.31	220	576	364

2. 不同施肥量对玉米经济效益的影响

由表 5-37 可知，玉米产量整体趋势为免耕处理高于翻耕处理。在免耕不同施肥处理中，以 N3P2K2、N2P2K2 两个施肥处理的产量最高。在翻耕不同施肥处理中，以 N2P2K2 和 N2P2K3 处理的产量最高。在总收入和纯收入上，均表现为免耕各施肥处理高于翻耕各施肥处理。在免耕施肥处理中，总收入和纯收入最高达 1 581.4 元/亩和 1 123.9 元/亩；在翻耕施肥处理中，总收入和纯收入最高达 1 480.6 元/亩和 983.1 元/亩。综合以上分析得出，施肥处理以 N2P2K2 最好。

表 5-37　不同施肥量对玉米种植经济效益的影响

处　理		产量（kg/亩）	生产资料（元/亩）	用工成本（元/亩）	总收入（元/亩）	纯收入（元/亩）
免耕	N0P2K2	612.0	182.5	200	1 224.0	841.5
	N1P2K2	715.4	220.0	200	1 430.8	1 010.8
	N3P2K2	785.0	295.0	200	1 570.0	1 075.0

（续）

处　理		产量 (kg/亩)	生产资料 (元/亩)	用工成本 (元/亩)	总收入 (元/亩)	纯收入 (元/亩)
免耕	N2P2K2	790.7	257.5	200	1 581.4	1 123.9
	N2P0K2	676.5	198.0	200	1 353.0	955.0
	N2P1K2	724.6	227.8	200	1 449.2	1 021.5
	N2P3K2	748.1	287.3	200	1 496.2	1 008.9
	N0P0K0	541.0	75.0	200	1 082.0	807.0
	N2P2K0	632.1	209.5	200	1 264.2	854.7
	N2P2K1	749.3	233.5	200	1 498.6	1 065.1
	N2P2K3	723.5	281.5	200	1 447.0	965.5
	N1P2K1	614.5	196.0	200	1 229.0	833.0
	N1P1K2	733.8	190.3	200	1 467.6	1 077.4
	N2P1K1	746.8	203.8	200	1 493.6	1 089.9
翻耕	N0P2K2	607.9	182.5	240	1 215.8	793.3
	N1P2K2	613.1	220.0	240	1 226.2	766.2
	N3P2K2	664.0	295.0	240	1 328.0	793.0
	N2P2K2	740.3	257.5	240	1 480.6	983.1
	N2P0K2	492.9	198.0	240	985.8	547.8
	N2P1K2	562.3	227.75	240	1 124.6	656.9
	N2P3K2	638.4	287.25	240	1 276.8	749.6
	N0P0K0	441.2	75.0	240	882.4	567.4
	N2P2K0	492.0	209.5	240	984.0	534.5
	N2P2K1	632.3	233.5	240	1 264.6	791.1
	N2P2K3	710.9	281.5	240	1 421.8	900.3
	N1P2K1	690.4	196.0	240	1 380.8	944.8
	N1P1K2	664.0	190.25	240	1 328.0	897.8
	N2P1K1	712.9	203.75	240	1 425.8	982.1

（二）不同施肥量对小麦生长发育进程和土壤化学性状的影响

1. 不同施肥量对小麦田土壤养分含量的影响

（1）不同施肥量对小麦播种前、收获后 0～20 cm 土层土壤全氮含量的影响。由表 5 - 38 可知，耕作方式和不同施肥量对小麦播种前、收获后的 0～20 cm土层土壤全氮含量均有不同程度的影响。免耕处理的土壤全氮含量总体表现高于翻耕处理。在两种耕作方式下，土壤全氮含量均表现为播种前高于收获后，且在播种前免耕各施肥处理的土壤全氮含量明显高于翻耕处理。

表 5-38　不同施肥量对小麦播种前、收获后 0～20 cm 土层土壤全氮含量的影响

单位：g/kg

处理	编号	播种前	收获后
免耕	M1	5.19	4.09
	M2	5.11	4.95
	M3	5.19	5.1
	M4	5.11	4.99
	M5	5.19	4.75
	M6	5.11	4.2
	M7	5.19	5.23
	M8	5.11	4.79
	M9	5.19	4.6
	M10	5.11	4.76
	M11	5.19	4.67
	M12	5.11	4.7
	M13	5.19	4.84
	M14	5.11	4.76
翻耕	F1	4.28	3.01
	F2	4.19	4.11
	F3	4.17	3.09
	F4	4.27	3.93
	F5	4.17	4.12
	F6	4.18	3.44
	F7	4.29	3.27
	F8	4.17	3.21
	F9	4.28	3.23
	F10	4.28	3.13
	F11	4.17	3.12
	F12	4.19	3.03
	F13	4.15	3.16
	F14	4.15	3.02

（2）不同施肥量对小麦播种前、收获后 0～20 cm 土层土壤全磷含量的影响。由表 5-39 可知，耕作方式和不同施肥量对小麦播种前、收获后 0～20 cm 土层土壤全磷含量均有不同程度的影响。免耕处理的土壤全磷

含量总体高于翻耕处理。在免耕处理中，各施肥处理土壤全磷含量均表现为播种前高于收获后；在翻耕处理中，除 F1～F4 处理的土壤全磷含量表现为播前比收获后低外，其他各施肥处理的土壤全磷含量均表现为播种前略高于收获后。

表 5-39　不同施肥量对小麦播种前、收获后 0～20 cm 土层土壤全磷含量的影响

单位：g/kg

处理	编号	播种前	收获后
免耕	M1	0.42	0.28
	M2	0.39	0.24
	M3	0.42	0.31
	M4	0.39	0.29
	M5	0.42	0.38
	M6	0.39	0.34
	M7	0.42	0.31
	M8	0.39	0.29
	M9	0.42	0.41
	M10	0.39	0.29
	M11	0.42	0.32
	M12	0.39	0.28
	M13	0.42	0.32
	M14	0.39	0.3
翻耕	F1	0.26	0.27
	F2	0.28	0.3
	F3	0.35	0.37
	F4	0.19	0.21
	F5	0.31	0.26
	F6	0.31	0.29
	F7	0.42	0.39
	F8	0.31	0.25
	F9	0.42	0.42
	F10	0.42	0.37
	F11	0.21	0.19
	F12	0.31	0.27
	F13	0.43	0.38
	F14	0.11	0.11

（3）不同施肥量对小麦播种前、收获后 0～20 cm 土层土壤全钾含量的影响。由表 5－40 可知，耕作方式和不同施肥量对小麦播种前、收获后 0～20 cm 土层土壤全钾含量均有不同程度的影响。免耕处理的土壤全钾含量总体表现为低于翻耕处理。在免耕处理中，各施肥处理土壤全钾含量均表现为播种前低于收获后；在翻耕处理中，各施肥处理的土壤全钾含量表现为播种前略高于收获后。且在两种耕作措施不同施肥处理对土壤全钾含量的影响的差异性相对较小。

表 5－40　不同施肥量小麦播种前、收获后 0～20 cm 土层土壤全钾含量的影响

单位：g/kg

处理	编号	播种前	收获后
免耕	M1	21.4	25.28
	M2	20.8	22.3
	M3	21.0	21.1
	M4	20.8	21
	M5	22.5	27.68
	M6	19.3	19.9
	M7	22.2	25.28
	M8	21.9	25.14
	M9	20.8	23.45
	M10	17.8	18.7
	M11	21.3	23.45
	M12	19.8	21
	M13	18.2	18.7
	M14	21.3	21.7
翻耕	F1	23.5	21.6
	F2	27.36	25.28
	F3	19.95	17.86
	F4	25.28	23.15
	F5	23.5	21.7
	F6	22.33	20.36
	F7	25.28	23.27
	F8	23.5	21.8

（续）

处理	编号	播种前	收获后
翻耕	F9	27.68	25.57
	F10	25.28	23.39
	F11	26.48	24.33
	F12	22.33	20.36
	F13	25.28	23.41
	F14	26.48	24.52

2. 不同施肥量对小麦产量性状和经济效益的影响

由表 5-41 可知，耕作方式和不同施肥量对小麦各产量性状均有不同程度的影响。在免耕不同施肥处理中，对小麦穗长、单株重、单株穗重、单株粒重、穗粒数和千粒重的范围分别为 7.52～10.8 cm、3.878～5.476 g、1.904～2.293 g、1.214～1.512 g、33.3～44.3 粒和 33.69～37.46 g。在翻耕处理中，对小麦穗长、单株重、单株穗重、单株粒重、穗粒数和千粒重的范围分别为 8.83～11.44 g、3.798～5.612 g、1.810～2.561 g、1.347～1.655 g、38.2～50.1 粒和 32.72～37.47 g。

表 5-41　不同施肥量对小麦产量性状的影响

处理	编号	穗长 (cm)	单株重 (g)	单株穗重 (g)	单株粒重 (g)	穗粒数 (粒)	千粒重 (g)
免耕	M1	10.8	5.476	2.285	1.383	38.3	36.04
	M2	10.1	4.788	1.904	1.491	44.3	33.69
	M3	9.25	4.216	2.006	1.214	33.3	36.47
	M4	9.97	4.644	1.959	1.257	33.8	37.19
	M5	7.52	4.625	2.141	1.237	34	36.32
	M6	9.23	4.228	1.95	1.463	41	35.71
	M7	9.11	5.323	2.293	1.441	42.4	34.19
	M8	9.02	4.964	2.043	1.253	35.2	35.6
	M9	8.55	4.571	2.028	1.329	36.2	36.73
	M10	9.86	4.927	2.126	1.408	37.6	37.46
	M11	10.04	5.04	2.144	1.512	42.1	35.97
	M12	9.65	3.878	2.115	1.478	42.4	35
	M13	8.22	5.321	1.984	1.318	37.2	35.41
	M14	9.82	4.028	2.142	1.325	38.47	34.55

（续）

处理	编号	穗长（cm）	单株重（g）	单株穗重（g）	单株粒重（g）	穗粒数（粒）	千粒重（g）
翻耕	F1	10.08	4.569	2.069	1.347	38.2	35.22
	F2	9.23	4.631	2.169	1.573	45.1	34.97
	F3	11.44	5.222	2.386	1.502	41.2	36.6
	F4	10.39	4.777	2.1	1.366	38.3	35.91
	F5	8.84	4.352	2.254	1.553	41.6	37.47
	F6	9.7	5.612	2.561	1.635	50.1	32.72
	F7	8.83	3.832	1.81	1.357	38.3	35.2
	F8	11.02	4.24	2.099	1.375	39.3	35.16
	F9	9.57	4.798	2.316	1.655	46.9	35.43
	F10	10.32	5.26	2.376	1.413	40.4	35.49
	F11	10.5	4.516	1.93	1.458	41	35.66
	F12	10.74	5.304	2.394	1.626	47.1	35.19
	F13	9.49	4.943	2.315	1.456	40.4	36.32
	F14	9.32	3.798	2.103	1.397	40	34.96

由表5－42可知，不同耕作措施和不同施肥量对小麦产量及经济效益均有不同程度的影响。在不同耕作措施间小麦产量整体趋势为免耕处理高于翻耕处理。在免耕不同施肥处理中，以M2和M5两个施肥处理的产量最高。在翻耕不同施肥处理中，以F6、F7和F14处理的产量最高。在总收入和纯收入上，均表现为免耕各施肥处理高于翻耕各施肥处理。在免耕施肥处理中，总收入和纯收入最高达556.2元/亩和386.2元/亩；在翻耕施肥处理中，总收入和纯收入最高达441.3元/亩和298.7元/亩。

表5－42　不同施肥量对小麦经济效益的影响

处理	编号	产量（kg/亩）	生产资料（元/亩）	用工成本（元/亩）	总收入（元/亩）	纯收入（元/亩）
免耕	M1	230.3	32.00	90	460.6	338.6
	M2	278.1	80.00	90	556.2	386.2
	M3	244.01	101.90	90	488.0	296.1
	M4	214.67	103.30	90	429.3	236.0
	M5	274.01	113.50	90	548.0	344.5

（续）

处理	编号	产量（kg/亩）	生产资料（元/亩）	用工成本（元/亩）	总收入（元/亩）	纯收入（元/亩）
免耕	M6	261.34	123.70	90	522.7	309.0
	M7	247.34	133.90	90	494.7	270.8
	M8	270.01	96.10	90	540.0	353.9
	M9	269.34	109.90	90	538.7	338.8
	M10	242.67	137.60	90	485.3	257.7
	M11	245.34	145.60	90	490.7	255.1
	M12	256.01	91.70	90	512.0	330.3
	M13	268.68	88.10	90	537.4	359.3
	M14	271.34	99.80	90	542.7	352.9
翻耕	F1	203.34	48.00	60	406.7	298.7
	F2	198	96.00	60	396.0	240.0
	F3	208.01	117.90	60	416.0	238.1
	F4	210.67	119.30	60	421.3	242.0
	F5	206.01	129.50	60	412.0	222.5
	F6	220.67	139.70	60	441.3	241.6
	F7	214.67	149.90	60	429.3	219.4
	F8	204.51	112.10	60	409.0	236.9
	F9	202.5	125.90	60	405.0	219.1
	F10	203.22	153.60	60	406.4	192.8
	F11	204.60	161.60	60	409.2	187.6
	F12	207.81	107.70	60	415.6	247.9
	F13	205.62	104.10	60	411.2	247.1
	F14	216.81	115.80	60	433.6	257.8

（三）保护性耕作燕麦配方施肥技术研究

由表 5－43 可知，不同肥料处理对燕麦经济产量和生物产量的影响程度基本相同，其中以 T＋NPK1 处理的生物产量和经济产量最大，分别为 5 371.32 kg/hm^2 和 1 772.54 kg/hm^2，其次是 NPK 肥料混合施用的燕麦生物产量和经济产量，而以对照不施肥的物产量和经济产量最低，其他处理位于三者之间。比较各处理的经济系数可看出，各处理对燕麦经济系数影响的大小顺序为 ck>NPK = T1>T2 = T+NPK1>T+PK>T+NPK2。

表 5-43　肥料施用量及种类对燕麦产量的影响

处理	生物产量（kg/hm²）	经济产量（kg/hm²）	经济系数
NPK	4 946.71	1 681.88	0.34
T2	4 343.64	1 433.4	0.33
T1	4 039.89	1 373.56	0.34
T+PK	4 387.13	1 403.88	0.32
T+NPK2	4 959.63	1 537.49	0.31
T+NPK1	5 371.32	1 772.54	0.33
ck	3 686.58	1 290.30	0.35

二、不同灌水量对作物生长发育进程影响的研究

（一）不同灌溉量对玉米生长发育进程及产量的影响

1. 不同灌溉量对玉米出苗率的影响

由表 5-44 可知，耕作方式和灌溉量对玉米出苗有一定的影响。玉米出苗天数整体表现为传统翻耕>浅旋根茬还田常规播种和机械灭茬免耕播种>深松根茬还田常规播种。而在出苗株数和出苗率上总体表现为深松根茬还田常规播种>机械灭茬免耕播种>浅旋根茬还田常规播种>传统翻耕。

表 5-44　不同灌溉量对玉米出苗率的影响

处　理	灌水量（m³/亩）	出苗天数（d）	出苗株数（株/m²）	出苗率（%）
旋耕秸秆还田常规播种	90 130 170 210 250	13	8.52	94.6

（续）

处　理	灌水量（m^3/亩）	出苗天数（d）	出苗株数（株/m^2）	出苗率（%）
免耕播种	90	13	8.55	95
	130			
	170			
	210			
	250			
深松秸秆还田常规播种	90	12	8.6	95.5
	130			
	170			
	210			
	250			
传统翻耕	90	15	8.2	91
	130			
	170			
	210			
	250			

2. 不同灌溉量对玉米产量性状的影响

由表5-45可知，在不同耕作方式间，玉米株高、单株重、穗位、穗粗、行粒数、单株穗重、单株粒重和千粒重的影响均表现为深松秸秆还田常规播种＞免耕播种＞旋耕秸秆还田常规播种＞传统翻耕，且基本上随着灌溉量的增加各指标相应增加。玉米轴重在保护性耕作间表现为旋耕秸秆还田常规播种＞传统翻耕＞免耕播种＞深松秸秆还田常规播种。

由表5-46可知，玉米产量、总收入和纯收入整体表现为免耕播种≈旋耕秸秆还田常规播种＞深松秸秆还田常规播种＞传统翻耕，且随着灌溉量的增加而增加。在灌溉量分别为90 m^3/亩、130 m^3/亩、170 m^3/亩、210 m^3/亩和250 m^3/亩时，旋耕秸秆还田常规播种、深松秸秆还田常规播种、免耕播种较传统翻耕在纯收入上依次增加了18.87%、19.83%、21.75%、17.49%和14.89%，10.19%、30.39%、19.71%、16.71%和14.19%，22.23%、20.32%、21.25%、17.37%、和15.28%。综合以上分析得出，如果当年降雨量较大时，玉米灌水量在170 m^3/亩时较经济，如果当年降雨量较小时，玉米灌水量在210 m^3/亩时较经济。

表 5-45　不同灌溉量对玉米产量性状的影响

处　理	灌水量（m^3/亩）	株高（cm）	单株重（g）	穗位（cm）	穗粗（cm）	穗长（cm）	秃尖（cm）	行数（行/穗）	行粒数（粒/行）	单株穗重（g）	单株粒重（g）	轴重（g）	千粒重（g）
旋耕秸秆还田常规播种	90	280	1 140	102	4.6	18.5	1.1	14	38	249.5	167	82.5	400
	130	280	1 108	102	4.6	18.3	1.1	14	39	249.8	167.3	82.5	399
	170	281	1 129	103	4.7	18.5	1.2	14	38	251.4	168.2	83.2	400
	210	285	1 137	103	4.6	18.6	1.2	14	38	251.9	168.5	83.4	398
	250	284	1 149	102	4.7	18.6	1.1	14	41	252.4	169	83.4	401
免耕播种	90	285	1 000	102	4.6	18.2	1.1	14	38	245	165	80	395
	130	284	1 054	101	4.5	18.3	1.2	14	38	245.8	165	80.1	396
	170	284	1 058	102	4.5	18.3	1.2	14	38	245	165.7	79.8	396
	210	284	1 062	101	4.6	18.4	1.2	14	40	246.1	165.2	80	397
	250	286	1 089	103	4.5	18.3	1.2	14	40	248.8	166.1	82.3	397
深松秸秆还田常规播种	90	281	1 000	101	4.5	17.8	1.2	14	39	242.5	166.6	78.2	393
	130	281	1 032	100	4.4	18.0	1.3	14	38	242.5	164.3	78.3	393
	170	285	1 027	101	4.4	18.2	1.3	14	37	244.4	164.2	79.3	394
	210	285	1 012	102	4.5	18.2	1.2	14	37	244.5	165.1	79.5	395
	250	282	1 054	101	4.4	18.1	1.3	14	38	246.9	165	80.4	395
传统翻耕	90	285	1 085	102	4.8	19.1	1.1	14	39	249.4	166.5	82.4	401
	130	286	1 158	102	4.6	19.2	1.1	14	38	250.7	167	82.6	100
	170	288	1 149	105	4.6	19.4	1.1	14	40	251.4	168.1	83.1	402
	210	290	1 123	105	4.5	19.5	1.1	14	41	252.2	168.3	83.2	402
	250	292	1 194	104	4.7	19.2	1.1	14	40	252.7	169	83.5	403

表 5-46　不同灌溉量对玉米产量和经济效益的影响

处　理	灌水量（m^3/亩）	产量（kg/亩）	水费（元/亩）	其他投入成本（元/亩）	总收入（元/亩）	纯收入（元/亩）
浅旋根茬还田	90	722.2	27	675	1 588.8	886.8
	130	776.4	39	675	1 708.5	994.5
	170	870.4	50	675	1 914.9	1 189.9
	210	873	60	675	1 920.6	1 185.6
	250	875	75	675	1 925	1 175.0
机械灭茬免耕播种	90	701.8	27	635	1 543.9	911.9
	130	746.6	39	635	1 462.5	998.5
	170	836.4	50	635	1 840	1 185.0
	210	840.5	60	635	1 849.1	1 184.4
	250	845	75	635	1 859	1 179.0
传统翻耕	90	663.7	27	675	1 460	746.0
	130	708.6	39	675	1 558.9	829.9
	170	780.6	50	675	1 717.3	977.3
	210	799.6	60	675	1 759.1	1 009.1
	250	812.6	75	675	1 787.7	1 022.7
深松根茬还田	90	695	27	675	1 529	822.0
	130	818.7	39	675	1 801.1	1 082.1
	170	863.6	50	675	1 899.9	1 169.9
	210	871.7	60	675	1 917.7	1 177.7
	250	874	75	675	1 922.8	1 167.8

3. 不同灌溉量对玉米水分利用效率的影响

表 5-47　不同灌溉量对玉米水分利用的影响

处　理	灌水量（m^3/亩）	产量（kg/亩）	耗水量（mm）	灌水量生产效率（kg/m^3）	水分利用效率（$kg \cdot hm^{-2} \cdot mm^{-1}$）
浅旋根茬还田	90	722.2	484.11	5.35	22.38
	130	776.4	544.08	3.98	21.41
	170	870.4	571.75	3.42	22.84
	210	873	626.57	2.77	20.90
	250	875	682.45	2.33	19.23

（续）

处理	灌水量 (m^3/亩)	产量 (kg/亩)	耗水量 (mm)	灌水量生产效率 (kg/m^3)	水分利用效率 ($kg \cdot hm^{-2} \cdot mm^{-1}$)
机械灭茬免耕播种	90	701.8	495.46	5.20	21.25
	130	746.6	556.21	3.83	20.13
	170	836.4	573.24	3.28	21.89
	210	840.5	626.80	2.67	20.11
	250	845	681.92	2.25	18.59
传统翻耕	90	663.7	492.87	4.92	20.20
	130	708.6	549.62	3.64	19.34
	170	780.6	577.00	3.06	20.29
	210	799.6	618.06	2.54	19.41
	250	812.6	686.03	2.17	17.77
深松根茬还田	90	695	503.42	5.15	20.71
	130	818.7	553.69	4.20	22.18
	170	863.6	595.75	3.39	21.74
	210	871.7	626.27	2.77	20.88
	250	874	688.95	2.33	19.03

由表5-47可以看出，不同耕作方式下不同灌水量对玉米耗水量、灌水生产效率以及水分利用效率存在较大差异。同一耕作方式下，随着灌水量的增加玉米总耗时量呈逐渐增大趋势，灌水量生产效率随着灌水量的增大呈逐渐降低变化趋势，水分利用效率除深松秸秆还田处理随着灌水量的增大呈先升高后降低的单峰曲线变化趋势外，其他3个耕作处理的水分利用效率均随着灌水量的增大呈现降低后升高再降低的倒“N”形变化趋势。其中，深松秸秆还田灌水量为250 m^3/亩处理的耗水量最大，其值为688.95 mm，比其他处理的耗水量高出0.41%～40.67%；灌水生产效率以浅旋根茬还田灌水量90 m^3/亩处理最大，其次为机械灭茬免耕灌水量90 m^3/亩的处理，最小的是传统翻耕灌水量250 m^3/亩的处理，其他17个处理的灌水生产效率位于3个处理之间；浅旋根茬还田灌水量170 m^3/亩处理的水分利用效率最大，比其他19个处理高出了2.07%～28.55%。综合不同耕作处理下不同灌水量各处理的产量、耗水量以及水分利用效率可以看出，灌水量在130～170 m^3/亩较适宜。

（二）不同灌水量对小麦生长发育进程和产量的影响

1. 不同灌水量对小麦出苗的影响

由表 5-48 可知，耕作方式和灌水量对小麦的出苗天数、出苗株数和出苗率均有不同程度的影响。其中，在出苗天数上，整体表现为旋耕秸秆还田常规播种和传统翻耕＜深松秸秆还田＜秸秆还田免耕播种；出苗率整体表现为免耕播种＞深松秸秆还田＞旋耕秸秆还田常规播种＞传统翻耕；出苗株数随着灌水量的增加呈现先增高后降低的变化趋势，基本以 120 m^3 和 150 m^3 两个灌水量的出苗率最高。

表 5-48　不同灌水量对小麦出苗的影响

处　理	灌水量（m^3/亩）	出苗天数（d）	出苗株数（株/m^2）	出苗率（%）
旋耕秸秆还田常规播种	60	18	611	94
	90		624	96
	120		617	95
	150		630	97
	180		618	95
秸秆还田免耕播种	60	20	630	97
	90		624	96
	120		630	97
	150		630	98
	180		624	96
传统翻耕	60	18	611	94
	90		617	95
	120		624	96
	150		624	96
	180		617	95
深松秸秆还田	60	19	617	95
	90		617	95
	120		624	96
	150		624	96
	180		624	96

2. 不同灌水量处理的小麦株高动态变化

由表5-49可知，不同灌水量对小麦各生育时期株高的影响不同。小麦株高整体随着生育时期的推进呈增加的趋势，到成熟期达到最大。不同耕作方式间小麦株高表现为免耕播种＞深松秸秆还田＞传统翻耕＞旋耕秸秆还田常规播种。小麦株高随着灌水量的增加呈增高的趋势。

表5-49　不同灌溉量对小麦不同生育时期株高的影响

处　理	灌水量（m^3/亩）	苗期（cm）	拔节期（cm）	孕穗期（cm）	抽穗期（cm）	开花期（cm）	灌浆期（cm）	成熟期（cm）
旋耕秸秆还田常规播种	60	7.1	16.3	26	34	61	85	89
	90	8.5	16.5	26	36	62	88	90
	120	8.6	17.5	27	36	63	88	92
	150	8.6	17.6	27	37	63	88	92
	180	8.7	17.8	28	37	65	89	93
秸秆还田免耕播种	60	7.8	16.8	27	36	64	88	92
	90	8.8	17.5	27	37	64	89	94
	120	8.8	17.4	28	37	65	90	94
	150	8.9	17.8	28	37	65	90	95
	180	8.9	17.8	28	38	66	90	95
传统翻耕	60	6.7	15.1	25	34	61	84	90
	90	7.7	16.1	26	35	62	86	91
	120	8.4	17.5	26	36	62	88	93
	150	8.5	17.4	27	36	63	88	92
	180	8.5	17.8	27	37	63	88	92
深松秸秆还田	60	7.1	16.4	26	36	62	88	91
	90	7.8	16.6	26	36	63	89	93
	120	8.3	17.8	27	37	64	89	93
	150	8.6	17.6	27	38	64	90	93
	180	8.6	17.9	28	38	64	90	94

3. 不同灌水量对小麦叶面积指数的影响

由表5-50可知，小麦叶面积随着生育时期的推进呈先增加后降低的变化趋势。在不同耕作方式处理间整体表现为秸秆还田免耕播种＞深松秸秆还田＞旋耕秸秆还田常规播种＞传统翻耕。深松秸秆还田、免耕播种和旋耕秸秆还田常规播种还田3个处理在灌水量为120 m³/亩或150 m³/亩时叶面积达到最大，而传统翻耕处理小麦叶面积随灌水量的增加而增加。

表5-50　不同灌溉量对小麦不同生育时期植株叶面积指数的影响

处　理	灌水量（m³/亩）	苗期	拔节期	孕穗期	抽穗期	开花期	灌浆期	成熟期
旋耕秸秆还田常规播种	60	0.78	2.86	3.72	3.53	2.88	1.67	0.62
	90	0.84	2.88	3.67	3.56	2.89	1.56	0.34
	120	0.90	2.90	3.88	3.72	2.92	1.76	0.67
	150	0.88	2.86	3.78	3.78	2.76	1.67	0.72
	180	0.90	2.78	3.64	3.66	2.87	1.78	0.65
秸秆还田免耕播种	60	0.90	2.92	3.67	3.43	2.88	1.64	0.52
	90	0.89	2.89	3.71	3.56	2.88	1.72	0.62
	120	0.89	2.94	3.67	3.63	2.91	1.74	0.54
	150	0.92	2.80	3.61	3.65	2.93	1.81	0.67
	180	0.91	2.71	3.64	3.56	2.92	1.78	0.66
传统翻耕	60	0.71	2.65	3.36	3.18	2.72	1.45	0.39
	90	0.78	2.86	3.44	3.23	2.89	1.55	0.42
	120	0.78	2.83	3.45	3.24	2.84	1.53	0.34
	150	0.83	2.81	3.44	3.21	2.81	1.48	0.32
	180	0.85	2.84	3.52	3.34	2.92	1.65	0.45
深松秸秆还田	60	0.84	2.92	3.61	3.45	2.97	1.76	0.54
	90	0.82	2.98	3.76	3.64	3.01	1.87	0.56
	120	0.86	2.94	3.54	3.65	3.04	1.78	0.47
	150	0.82	2.87	3.60	3.54	3.24	1.87	0.62
	180	0.84	2.83	3.54	3.39	3.12	1.74	0.53

4. 不同灌水量对小麦产量性状的影响

由表5-51可知，不同耕作方式和灌水量下小麦产量性状均存在不同程度的差异。在不同耕作方式间，小麦株高、单株重、穗粗、穗长、单株穗重、单株粒重、单株粒数和千粒重上基本表现为免耕播种＞深松秸秆还田＞旋耕秸秆还田常规播种＞传统翻耕。不同灌水量下免耕播种、深松秸秆还田和旋耕秸秆还田常规播种3个处理在灌水量为120 m³/亩或150 m³/亩时小麦各产量性状达到最大，而传统翻耕处理各产量性状随灌水量的增加而增加。

表 5-51　不同灌溉量对小麦产量性状的影响

处　理	灌水量（m³/亩）	株高（cm）	单株重（g）	穗粗（cm）	穗长（cm）	单株穗重（g）	单株粒重（g）	单株粒数（个）	千粒重（g）
旋耕秸秆还田常规播种	60	88	3.34	0.90	8.32	1.69	0.71	20.6	31.6
	90	89	3.32	0.92	8.42	1.67	0.82	20.9	31.7
	120	90	3.40	0.93	8.32	1.70	0.81	20.9	31.9
	150	94	3.41	0.93	8.44	1.73	0.67	20.4	31.1
	180	90	3.41	0.92	8.42	1.72	0.78	20.9	31.5
秸秆还田免耕播种	60	91	3.44	0.90	8.61	1.74	0.84	21.2	32.1
	90	92	3.48	0.92	8.63	1.75	0.85	21.2	31.8
	120	92	3.48	1.01	8.22	1.75	0.88	21.4	32.1
	150	94	3.28	1.15	8.64	1.69	0.88	21.4	32.6
	180	98	3.47	1.03	8.63	1.75	0.90	21.7	32.8
传统翻耕	60	86	3.41	0.89	7.61	1.71	0.70	20.2	31.3
	90	88	3.40	0.90	7.81	1.69	0.71	20.6	31.7
	120	89	3.39	0.90	8.01	1.68	0.67	19.4	31.8
	150	90	3.48	0.89	8.11	1.74	0.73	20.8	31.3
	180	92	3.39	0.90	8.05	1.75	0.75	21.1	31.4
深松秸秆还田	60	89	3.38	0.91	8.02	1.72	0.74	20.7	32.4
	90	89	3.39	0.92	8.05	1.70	0.74	20.7	32.1
	120	90	3.40	0.90	8.11	1.70	0.76	20.9	32.5
	150	90	3.49	0.90	8.12	1.77	0.73	20.5	30.7
	180	91	3.37	0.90	8.11	1.72	0.72	20.4	30.9

5. 不同灌水量对小麦产量和经济效益的影响

由表 5-52 可知，小麦的产量以机械灭茬免耕播种处理最高，传统翻耕处理产量最低，同一耕作方式下小麦产量随着灌水量的增加产量增加。旋耕秸秆还田常规播种和深松秸秆还田两个处理产量受灌水量的影响较大，旋耕秸秆还田常规播种处理在灌水量为 90 m³/亩时产量最高，深松秸秆还田处理在灌水量为 120 m³/亩时产量最高。在增收率上免耕播种、深松秸秆还田和旋耕秸秆还田常规播种处理均以灌水量为 120 m^3/亩最大，传统翻耕以 180 m^3/亩最大。以灌水量为 120 m^3/亩为例，免耕播种、深松秸秆还田和旋耕秸秆还田常规播种分别较传统翻耕处理的小麦产量增加了 31.12%、13.69%和 20.75%。在纯收入上不同处理间为免耕播种＞旋耕秸秆还田常规播种＞深松秸秆还田＞传统翻耕。综合以上分析可以得出，小麦全生育的灌水量在 90～120 m^3/亩的经济效益最好，当降雨量达到 380 mm 以上时，灌水量以 120 m^3/亩为上限。

表 5-52　不同灌溉量对小麦产量和经济效益的影响

处　理	灌水量（m^3/亩）	产量（kg/亩）	水费（元/亩）	其他投入成本（元/亩）	总收入（元/亩）	纯收入（元/亩）
旋耕秸秆还田常规播种	60	255	15	230	535.5	290.5
	90	295	21	230	619.5	368.5
	120	291	30	230	611.1	351.1
	150	291	38	230	611.1	351.1
	180	280	45	230	588.0	313.0
秸秆还田免耕播种	60	302	15	230	634.2	389.2
	90	306	21	230	642.6	391.6
	120	316	30	230	663.6	403.6
	150	316	38	230	663.6	395.6
	180	324	45	230	680.4	405.4
传统翻耕	60	252	15	230	529.2	284.2
	90	256	21	220	537.6	296.6
	120	261	30	220	548.1	298.1
	150	263	38	220	552.3	294.3
	180	270	45	220	567.0	302.0
深松秸秆还田	60	266	15	240	558.6	303.6
	90	266	21	240	558.6	297.6
	120	274	30	240	575.4	305.4
	150	263	38	240	552.3	274.3
	180	259	45	240	543.9	258.9

6. 不同灌水量对小麦水分利用效率的影响

表 5-53 不同灌溉量对小麦水分利用效率的影响

处 理	灌水量 (m^3/亩)	产量 (kg/亩)	耗水量 (mm)	灌水量生产率 (kg/m^3)	水分利用效率 ($kg \cdot hm^{-2} \cdot mm^{-1}$)
旋耕秸秆还田常规播种	60	255	253.45	4.25	15.09
	90	295	294.71	3.28	15.01
	120	291	334.73	2.43	13.04
	150	291	373.01	1.94	11.70
	180	280	420.88	1.56	9.98
秸秆还田免耕播种	60	302	273.93	5.03	16.54
	90	306	316.55	3.40	14.50
	120	316	359.11	2.63	13.20
	150	316	400.18	2.11	11.84
	180	324	443.33	1.80	10.96
传统翻耕	60	252	222.63	4.20	16.98
	90	256	264.79	2.84	14.50
	120	261	308.82	2.18	12.68
	150	263	352.72	1.75	11.18
	180	270	395.15	1.50	10.25
深松秸秆还田	60	266	250.89	4.43	15.90
	90	266	290.11	2.96	13.75
	120	274	334.31	2.28	12.29
	150	263	376.49	1.75	10.48
	180	259	418.58	1.44	9.28

由表 5-53 可以看出，不同耕作方式下不同灌水量对小麦耗水量、灌水生产效率以及水分利用效率存在较大差异。同一耕作方式下，随着灌水量的增加小麦总耗水量呈逐渐增大趋势，灌水量生产效率随着灌水量的增大呈逐渐降低变化趋势，各耕作处理的水分利用效率随着灌水量的增大呈逐渐降低的变化趋势。其中，秸秆还田免耕播种灌水量为 180 m^3/亩处理的耗水量最大，其值为 443.33 mm，比其他处理的耗水量高出 5.33%～99.13%；灌水生产效率以秸秆还田免耕播种灌水量为 60 m^3/亩处理最大，其次为旋耕秸秆还田常规播种灌水量为 60 m^3/亩的处理，最小的是传统

翻耕灌水量为 60 m^3/亩的处理，其他 17 个处理的灌水生产效率位于 3 个处理之间；传统翻耕灌水量为 60 m^3/亩处理的水分利用效率最大，比其他 19 个处理提高了 2.66%～82.97%。综合不同耕作处理下不同灌水量各处理的小麦产量、耗水量以及水分利用效率可以看出，灌水量在 90～120 m^3/亩较适宜。

第四节　保护性耕作免耕播种抗旱保苗技术研究

一、保护性耕作玉米田免耕播种抗旱保苗技术研究

（一）不同补水量对玉米出苗时间和出苗率影响的研究

研究保护性耕作农田不同补水量对玉米出苗率、产量性状、产量等的影响，以找出保护性耕作玉米最佳的出苗保苗水量，从而为保护性耕作玉米丰产高效和生态节本提供理论依据。

表 5-54　不同补水量对玉米出苗时间和出苗率的影响

处　理	平均出苗时间（d）	出苗株数（株/m^2）	出苗率（%）
0 ml/穴	20C	3.6C	48.0C
100 ml/穴	16B	5.3B	70.7B
200 ml/穴	13 A	7.1 A	94.7 A
300 ml/穴	13 A	7.2 A	96.0 A

注：大写字母代表在 $P<0.01$ 水平下显著。

由表 5-54 可知，不同补水量对玉米的出苗时间、平均出苗株数和出苗率均存在不同的影响。200 ml/穴和 300 ml/穴补水播种的出苗时间最早，为 13 d，其次为 100 ml/穴，出苗时间为 16 d，0 ml/穴（对照）的出苗时间为 20 d。对照的平均出苗株数和出苗率最小，分别为 3.6 株/m^2、48.0%，200 ml/穴和 300 ml/穴补水播种的平均出苗株数和出苗率最大，分别为 7.1 株/m^2、94.7% 和 7.2 株/m^2、96.0%，分别比对照高出 97.2%、97.3%和 100%、100%，而 100 ml/穴补水点播的平均出苗株数和出苗率位于两处理之间，分别为 5.3 株/m^2 和 70.7%。经方差分析得出，4 个处理的出苗时间、平均出苗株数和出苗率均存在极显著性差异（$P<0.01$）。

（二）不同补水量对玉米产量性状和产量的影响

由表5-55可知，不同补水量对玉米产量性状和玉米产量的影响不同，其中对玉米的穗粗、穗长、秃尖长和行粒数影响较小，而对玉米的单株穗重、单株粒重、轴重和千粒重影响较大。不同补水量播种对玉米的产量影响较大，0 ml/穴（对照）的产量为398.8 kg/亩，100 ml/穴、200 ml/穴和300 ml/穴补水播种的产量分别为596.7 kg/亩、786.7 kg/亩和789.3 kg/亩，分别比对照高出49.6%、97.3%和97.9%。4个处理的产量除200 ml/穴与300 ml/穴处理之间无显著差异外，其余各处理均存在极显著性差异（$P<0.01$），由此说明200 ml/穴补水点播处理较经济有效。

表5-55 不同补水量点播对玉米产量性状和玉米产量的影响

处理	穗粗（cm）	穗长（cm）	秃尖长（cm）	行粒数（粒/行）	单株穗重（g）	单株粒重（g）	轴重（g）	千粒重（g）	产量（kg/亩）
0 ml/穴	5.3	18.2	2.3	38.8	223.9	185.0	37.9	378	398.8C
100 ml/穴	5.3	18.3	2.2	38.4	233.6	190.0	42.6	368	596.7B
200 ml/穴	5.6	19.9	2.3	38.2	230.1	185.6	44.0	355	786.7 A
300 ml/穴	5.8	19.8	2.0	40.4	233.4	189.2	44.2	356	789.3 A

注：A、B表示在$P<0.01$水平下极显著。

二、保护性耕作小麦田免耕播种抗旱保苗技术研究

研究保护性耕作保水剂用量对小麦出苗率和小麦产量的影响，通过保水剂不同用量的比较，探索保护性耕作较佳的保水剂用量，从而为保护性耕作小麦出苗、保苗和生态节本提供理论依据。

（一）保水剂不同用量对小麦出苗日期和出苗率的影响

本试验根据课题组保水剂筛选以及保水剂生产试验总结的基础，选用了小粒型保水剂作为试验材料，找出较适宜的保水剂用量，以解决用量过大、生产成本过高的实际生产问题。由表5-56可知，不同保水剂用量对小麦出苗时间、每平方米出苗株数、出苗率均存在较大影响。随着保水剂使用量的增加，出苗时间逐渐缩短，每平方米平均出苗株数和出苗率则逐

渐增大。其中对照（ck）的平均出苗时间为 24 d，1 kg/亩、3 kg/亩和 5 kg/亩的平均出苗时间分别比对照提前 2 d、5 d 和 6 d；ck 的出苗率为 81.8%，1 kg/亩、3 kg/亩和 5 kg/亩的出苗率比 ck 提高 8.7%、17.4%和 18.5%。在 $P<0.01$ 水平下，4 个处理出苗时间存在极显著差异，出苗率和平均出苗株数除 3 kg/亩与 5 kg/亩之间无显著差异外，其余各处理在 $P<0.01$ 水平下均存在极显著差异。

表 5-56 不同保水剂用量对小麦出苗日期和出苗率的影响

处理	平均出苗时间（d）	出苗株数（株/m^2）	出苗率（%）
0 kg/亩	24D	532C	81.8C
1 kg/亩	22C	578B	88.9B
3 kg/亩	19B	624 A	96.0 A
5 kg/亩	18 A	630 A	96.9 A

注：A、B、C、D 表示 $P<0.01$ 水平下极显著。

（二）保水剂不同用量对小麦产量性状和产量的影响

由表 5-57 可知，不同保水剂用量对小麦的产量性状和产量均存在一定的影响。除千粒重外，各产量性状和产量均随着保水剂用量的增大逐渐增大。ck 的产量为 218 kg/亩，1 kg/亩、3 kg/亩和 5 kg/亩的小麦产量分别比 ck 增加 6.9%、17.9%和 18.3%。

表 5-57 不同保水剂用量对小麦产量性状和产量的影响

处理	穗长（cm）	单株重（g）	单株穗重（g）	单株粒重（g）	穗粒数（粒）	千粒重（g）	产量（kg/亩）
0 kg/亩	8.3	3.78	1.69	0.65	20.7	31.2	218
1 kg/亩	8.6	4.03	1.95	0.79	25.0	32.1	233
3 kg/亩	8.8	4.34	2.26	0.88	28.2	33.6	257
5 kg/亩	8.8	4.78	2.37	0.89	28.8	33.4	258

第五节 保护性耕作杂草发生与危害规律及综合防控技术研究

采取定点观测与路线踏查相结合的方法，对项目区保护性耕作农田杂草进行了比较详细地普查和研究，摸清了保护性耕作农田杂草种类和品种，揭示了其发生与危害规律。

一、杂草种类

内蒙古保护性耕作农田杂草种类有268种，分属58科175属。其中：豆科有11属17种，占全区杂草种数的6.3%；菊科有18属27种，占全区杂草种数的10.0%；禾本科有23属30种，占全区杂草种数的11.2%；莎草科有6属20种，占全区杂草种数的7.5%。

属于多年生杂草的有26科85属131种，占全区保护性耕作杂草种数的49%；一年生和二年生杂草有22科90属137种，占全区杂草种数的51%。

保护性耕作农田主要杂草有35种：主要包括野燕麦（*Avena fatua* L.）、藜（*Chenopodium album* L.）、苦荞麦（*Fagopyrum tataricm*（L.）Gaertn.）、金狗尾草（*Setaria glauca*（L.）Beauv.）、披碱草（*Ecymus dahurcus* turlz.）、猪毛菜（*Salsola collina* Pall.）、卷茎蓼（*Polygonum convolvulus* L.）、牻牛儿苗（*Erodium stephanianum* Willd.）、田旋花（*Convolvulus arvensis* L.）、迷果芹（*Sphyllerocarpus gracilis*（Bess.）K. -Pol.）、野胡萝卜（*Daucus carota* L.）、细叶益母草（*Leomurus sibiricus* L.）、刺儿菜（*Cephalanoplos segetum*（Bunge）Kitam.）、茵陈蒿（*Artemisia capillaries* Thunb.）、黄花蒿（*Aytemisia annua* L.）、草地风毛菊（*Saussurea amara*（L.）DC.）、苣荬菜（*Sonchus brachyotus* DC.）、萹蓄（*Polygonum aviculare* L.）、裂边鼬瓣花（*Galeopsis bifida* Boenn.）、大籽蒿（*Artemisia sieversiana* Willd.）、蒙古蒿（*Artemisia mongolica* Fisch.）、苦苣（*Sonchus oleraceus* L.）、稗（*Echinochloa crus-galli*（L.）Beauv）、芦苇（*Phragmites communis* Trin.）、马唐（*Digitaria adscendens*（H. B. K.）Henrard.）、反枝苋（*Amaranthus retroflexus* L.）、地肤（*Kochia scoparia*（L.）Schrad）、苍耳（*Xanthium sibiricum* Patrin.）、龙葵（*Solanum nigrum* L.）、苘麻（*Abutilon theophrasti* Medic.）、苣荬菜（*Sonchus brachyotus* DC.）、虎尾草（*Chloris virgata* Swartz）、马齿苋（*Portulaca oleracea* L.）等。

主要杂草由禾本科、菊科、藜科、蓼科、牻牛儿苗科、唇形科、旋花科等组成。主要杂草群落有：狗尾草、野燕麦、藜、黄花蒿等，野燕麦、狗尾草、草地风毛菊等，藜、萹蓄、卷茎蓼、狗尾草等，狗尾草、稗草、藜、鼬瓣花等，藜、狗尾草、卷茎蓼等。优势种群：禾本科杂草有狗尾草、披碱草、稗草等，阔叶杂草有藜、卷茎蓼、鼬瓣花等。

二、杂草发生与演替规律

（一）保护性耕作农田杂草生物学特性

如表 5－58 所示。

表 5－58　保护性耕作区农田杂草出苗期、开花期、成熟期调查表

种　类	科	属	出苗期（月、日—月、日）	开花期（月、日—月、日）	成熟期（月、日—月、日）
金狗尾草 *Setaria glauca*（L.）Beauv.	禾本科	狗尾草属	5.15—5.26	7.15—7.30	8.20—9.6
披碱草 *Elymus dahuricus* Turcz.	禾本科	披碱草属	4.5—4.10	7.25—7.31	8.10—8.20
野燕麦 *Avena fatua* L.	禾本科	燕麦属	5.5—5.15	7.15—7.25	8.15—8.20
卷茎蓼 *Polygonum convolvulus* L.	蓼科	蓼属	5.3—5.15	7.20—7.30	8.25—8.30
苦荞麦 *Fagopyrum tataricm*（L.）Gaerth.	蓼科	蓼属	5.20—5.30	7.15—7.30	8.16—8.30
萹蓄 *Polygonum aviculare* L.	蓼科	蓼属	5.10—5.15	6.10—7.10	8.5—8.10
猪毛菜 *Salsola collina* Pall.	藜科	猪毛菜属	5.7—5.25	7.25—8.15	8.30—9.20
藜 *Chenopodium album* L.	藜科	藜属	5.6—5.18	7.10—7.25	8.15—9.5
苣荬菜 *Sonchus brachyotus* DC.	菊科	苣荬菜属	4.10—5.20（返青）	6.10—8.20	8.10—9.20

（续）

种　类	科	属	出苗期（月、日—月、日）	开花期（月、日—月、日）	成熟期（月、日—月、日）
草地风毛菊 *Saussurea amara*（L.）DC.	菊科	风毛菊属	4.20—5.3（返青）	7.20—8.5	8.27—9.15
黄花蒿 *Artemisia annua* L.	菊科	蒿属	4.10—4.25（返青）	7.10—7.25	8.15—8.25
茵陈蒿 *Artemisia capillaries* Thunb.	菊科	蒿属	4.25—5.10（返青）	7.5—7.15	8.10—8.20
刺儿菜 *Cephalanoplos segetum*（Bunge）Kitam.	菊科	刺儿菜属	5.10—5.20（返青）	7.30—8.10	8.30—9.20
牻牛儿苗 *Erodium stephanianum* Willd.	牻牛儿苗科	牻牛儿苗属	4.15—4.29	7.20—8.5	8.25—9.7
田旋花 *Convolvulus arvensis* L.	旋花科	旋花属	4.20—5.20	7.5—7.15	8.20—8.30
迷果芹 *Sphyllerocarpus gracilis*（Bess.）K.－Pol.	伞形科	迷果芹属	5.22—6.10	7.16—7.26	8.7—8.28
细叶益母草 *Leomurus sibiricus* L.	唇形科	益母草属	4.26—7.10	7.16—8.13	8.10—9.10
野胡萝卜 *Daucus carota* L.	伞形科	胡萝卜属	5.22—6.10	7.16—7.26	8.7—8.28
稗草 *Echinochloa crusgalli*（L.）Beauv	禾本科	稗属	5.26—6.8	7.24—8.3	8.25—9.2
大籽蒿 *Artemisia sieversiana* Willd.	菊科	蒿属	4.13—4.27	7.11—7.24	8.10—8.20
蒙古蒿 *Artemisia mongolica* Fisch.	菊科	蒿属	4.17—4.27	7.12—7.25	8.10—8.20
鼬瓣花 *Galeopsis bifida* Boenn.	唇形科	鼬瓣花属	5.10—5.20	7.17—7.30	8.20—8.30

（续）

种　类	科	属	出苗期（月、日—月、日）	开花期（月、日—月、日）	成熟期（月、日—月、日）
芦苇草 *Phragmites communis* Trin.	禾本科	芦苇属	4.20—5.10	7.10—8.20	8.10—9.10
虎尾草 *Chloris virgata* Swartz	禾本科	虎尾草属	5.10—5.30	7.10—8.10	8.15—9.10
马唐 *Digitaria adscendens*（H. B. K.）Henrard.	禾本科	马唐属	5.1—6.10	7.10—8.30	8.15—10.1
苍耳 *Xanthium sibiricum* Patrin.	菊科	苍耳属	5.1—6.10	7.10—8.20	8.10—9.20
猪毛蒿 *Artemisia scoparia* Waldst. et Kit.	菊科	蒿属	4.30—5.20（返青）	7.10—8.20	8.10—9.20
地肤 *Kochia scoparia*（L.）Schrad	藜科	地肤属	4.15—5.30	7.1—8.20	8.1—9.20
反枝苋 *Amaranthus retroflexus* L.	苋科	苋属	5.15—6.20	7.20—8.15	8.15—10.1
马齿苋 *Portulaca oleracea* L.	马齿苋科	马齿苋属	5.20—6.30	7.15—8.30	8.20—9.30
蒺藜 *Tribulus terrestris* L.	蒺藜科	蒺藜属	5.10—5.30	6.10—7.20	7.20—8.20
龙葵 *Solanum nigrum* L.	茄科	茄属	5.1—5.20	7.10—8.10	8.10—9.30
苘麻 *Abutilon theophrasti* Medic.	锦葵科	苘麻属	5.20—5.30	7.10—8.10	8.10—9.30

（二）杂草演替规律

1. 杂草发生规律

（1）实施保护性耕作初期杂草密度增加。杂草种子多集中在土壤表层，草籽在土壤表层 3～5 cm 分布多，土壤表层墒情较好，杂草种子萌发较集中，萌发率高。保护性耕作比传统耕作杂草种类增加 8 种；密度增加

31.8%～42.6%，发生频度增加 13.3%～31.6%。根据此规律，可以科学掌握除草作业时间和施药剂型及合理的施药量（图 5－23、图 5－24）。

图 5－23　传统耕作田

图 5－24　保护性耕作田

（2）保护性耕作农田杂草有明显的出苗高峰，田间杂草发生时间提前。保护性耕作使作物出苗前出土的大部分杂草保存了下来。由于这些杂草比目的作物出土早，比传统春旋耕田早 50～60 d，而且有明显的出苗高峰。它们在与作物早期生长的竞争中占有时间及空间优势。根据此规律，可以指导生产，确定适宜的除草施药时间及合理的施药量，对于晚播作物可以进行播前机械或化学除草（图 5－25）。

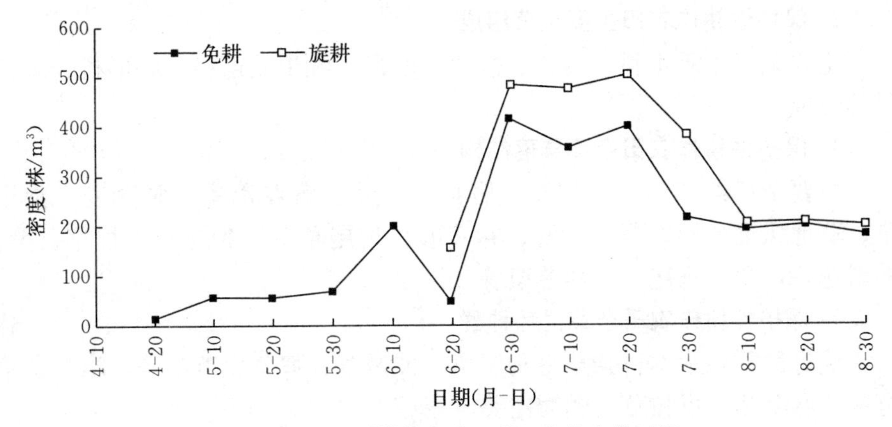

图 5－25　不同耕作方式玉米田杂草出苗时间

（3）上下茬农田杂草重叠发生，生育期参差不齐。作物免耕种植时，上茬作物田或上茬休闲地出苗的杂草，会“转嫁”到下茬农田，使田间出现上下茬杂草交替重叠发生的现象。根据此规律，可以采用在上茬作物田收获后或收获前的不同除草方式。

(4) 多年生杂草危害加重，优势种发生变化。保护性耕作取消了铧式犁翻耕处理杂草的手段，不利于切断杂草的地下繁殖器官，加之保护性耕作地上部分的秸秆覆盖，提高了地温和土壤墒情，多年生杂草越冬率提高，发生程度加重。总的趋势是在保护性耕作初期（1～5 年），时间越长，两年生和多年生杂草发生程度越重（表 5 - 59、表 5 - 60）。根据此规律，可以采用在收获后或播种前使用灭生性除草剂进行除草。

表 5 - 59　小麦田耕作制度与两年生、多年生杂草发生关系

耕作制度	披碱草		刺儿菜		苣荬菜	
	占比（%）	增加（%）	占比（%）	增加（%）	占比（%）	增加（%）
小麦田 3 年免耕	32.4	21.6	75.0	60.8	37.9	9.3
小麦田传统耕作	10.8		14.2		28.6	

表 5 - 60　玉米田耕作制度与两年生、多年生杂草发生关系

耕作制度	芦苇草		黄花蒿		苣荬菜	
	占比（%）	增加（%）	占比（%）	增加（%）	占比（%）	增加（%）
玉米田 2 年免耕	28.3	14.7	46.5	29.8	39.8	13.7
玉米田传统耕作	13.6		16.7		26.1	

2. 保护性耕作农田主要杂草组成

主要杂草由禾本科、菊科、藜科、蓼科、牻牛儿苗科、唇形科、旋花科等组成。

3. 保护性耕作农田杂草群落结构

主要杂草群落有：狗尾草、野燕麦、藜、黄花蒿等，野燕麦、狗尾草、草地凤毛菊等，藜、萹蓄、卷茎蓼、狗尾草等，狗尾草、稗草、藜、鼬瓣花等，藜、狗尾草、卷茎蓼等。

4. 保护性耕作农田杂草优势种群

优势种群：禾本科杂草有狗尾草、披碱草、稗草、芦苇等，阔叶杂草有藜、卷茎蓼、反枝苋、鼬瓣花等。

三、主要杂草形态特征及生物学特性

1. 狗尾草

禾本科狗尾草属，俗名谷莠子、毛莠莠。

形态特征：一年生草本。秆高20～60 cm，直立或基部稍膝曲，须根系发达。叶条状扁平披针形，长5～20 cm，叶表及边缘粗糙。叶鞘松弛，鞘口有长柔毛，叶舌由一圈1～2 mm的纤毛组成。圆锥花序密集成圆柱状，直立或微弯曲，刚毛长于小穗，绿色、黄色或稍带紫色。颖果椭圆形，长2.4～2.7 mm，宽1.2～1.4 mm，灰黄色或淡灰色，背面稍凸，腹面扁平，两侧各具1条纵棱。脐长圆形，稍凸，黄色，胚深灰色。

生物学特性：为夏型杂草，以种子繁殖。种子经冬季休眠后才能萌发。10 ℃以上即可萌发，适温15～30 ℃，发芽的土层深度为1.5～5 cm，深层土壤中的种子可存活10～15年。一般5月下旬为头次出苗峰期，7月20日左右为第二次出苗高峰期。花、果期为7月下旬至8月，8月下旬至9月上旬成熟落粒。危害期5月至9月上旬。主要危害油菜、小麦、大麦、马铃薯等。

2. 稗草

禾本科稗属，俗名稗子、水稗。

形态特征：一年生草本。秆高50～130 cm。叶鞘无毛，无叶舌，叶片条形，长10～30 cm，宽5～10 mm。圆锥花序，主轴具角棱，直立或下垂，分枝可再有小分枝，小穗密集于穗轴一侧，有硬疣毛。第一颖三角形，为小穗的1/3～1/2，具5脉，第二颖先端渐尖，具5脉，脉上刺状疣毛，脉间被短硬毛；第一外稃具5～7脉，有长5～30 mm的芒；第二外稃顶端有小尖头并粗糙，边缘卷包内稃。

稗粒椭圆形，白色或棕色，平滑光亮，先端具小尖头且粗糙。幼苗胚芽鞘膜质。第一片叶短，先端尖。叶片中脉灰白色，上部具少量疏柔毛，叶鞘鞘口无毛，鞘基部具毛。

生物学特性：晚春型杂草。以种子进行繁殖。种子在平均温度为10 ℃时即可萌发，适宜的发芽温度为20～30 ℃，发芽深度为1～6 cm，物候期随地区和气候条件不同而异，5月中旬至6月中旬出苗，5月下旬至7月上旬为营养期，7月中旬至8月下旬为开花结实期，8月下旬至9月上旬为成熟期，种子随熟随落，9月上、中旬为枯黄期。危害期为6—8月。种子经冬季休眠后萌发。常和马唐、狗尾草等一起危害，主要危害玉米、高粱、谷子、大豆、马铃薯、油菜、果树等。

3. 马唐

禾本科马唐属，别名热草、爬蔓草。

形态特征：一年生草本。高 30～60 cm，秆基部卧地面，多分枝，节着土后生根。叶舌膜质，先端钝圆，长 1～3 mm；叶片条状披针形，长 4～12 cm；宽 5～10 mm。总状花序 3～8（10）枚，呈指状排列于茎顶，谷粒灰白色，几乎与第一外稃等长，顶端尖，背部隆起，边缘膜质，包卷内稃。

生物学特性：晚春型或夏型杂草。抗旱性强，切断或拔除后的植株遇雨仍能成活。耐荫性强，喜湿润肥沃的微酸性或中性土壤。分蘖力强，在向阳开阔地上能产生分蘖数 10 个。5—6 月出苗，7—8 月开花，8—9 月成熟，种子随熟随落，在土层深处存留的种子可几年不丧失发芽能力。种子经冬季休眠后萌发。一般在 10～20 ℃时即可萌发，最适宜的温度为 25～30 ℃，发芽土层深度为 2～4 cm，以 1～3 cm 深处发芽率最高。危害期 6—9 月。

4. 野燕麦

禾本科燕麦属，又名燕麦草、铃铛麦、乌麦。

形态特征：一年生草本。须根系，茎直立，高 40～120 cm，叶鞘光滑或基部有毛，叶舍膜质，长 1～5 mm，叶片宽条形，长 5～12 cm，宽 5～10 mm，圆锥花序开展，小穗长 18～25 mm，含 2～3 小花，小穗轴易脱节，颖卵形或矩圆状披针形。颖果矩圆形，长 8～9 mm，宽 2 mm，密被淡棕色长柔毛；脐圆形，淡黄色，腹面具纵沟。

生物学特性：为早春型杂草。以种子进行繁殖。种子经冬季休眠后发芽。种子萌发适温 10～20 ℃，低于 5 ℃或高于 25 ℃均不利萌发。种子存活 2～9 年，以 4～5 年居多。萌发适宜深度 3～7 cm。本区一般 5 月上中旬为出苗期。苗期生长较慢，拔节孕穗期生长发育迅速，7 月上旬左右抽穗，抽穗后 2～3 d 开花，花后 4～5 d 开始灌浆，7 月下旬至 8 月上旬渐次成熟落粒。比小麦早熟 10 d 左右，从抽穗至开始落粒为 20～25 d。危害期 5—7 月，对麦类、亚麻等低秆条播作物危害严重，为恶性杂草，发生频率 11.83%，危害指数 9.73%。

5. 披碱草

禾本科披碱草属。

形态特征：多年生草本。具有发达的根状茎，茎单生或疏丛状生，高 45～90 cm，灰绿色，上部密被柔毛；基部具枯叶鞘呈纤维状。叶片扁平或内卷，长 6～25 cm，宽 2～6 mm，穗轴被短柔毛，每节着生小穗 2～

4 枚，小穗长 10～15 mm，含 5～7 花，花淡黄色。

生物学特性：根茎性禾草，以根状茎芽繁殖为主，兼有种子繁殖。适应性强、耐旱、抗寒、耐碱，在各种土壤中均能长生，一般 4 月返青，6 月下旬至 7 月抽穗开花，7—8 月成熟，10 月枯黄。种子当年 7—8 月或翌年 5—6 月出苗。主要危害小麦、马铃薯、亚麻及果园等。

6. 藜

藜科藜属，又名灰菜。

形态特征：一年生草本。高 30～120 cm，茎直立，光滑有沟棱及红色或紫色条纹，多分枝。叶互生，具长柄，叶片三角状卵形或菱状卵形，上部的叶呈狭卵形或披针形，长 3～6 cm，宽 1.5～5 cm，先端钝或尖、基部楔形，叶缘具不整齐的波状牙齿，或稍呈缺刻状，稀近全缘，上面深绿色，下面灰白色或淡紫色，密被灰白粉粒。花小黄绿色，每 8～15 朵花或更多聚成团伞花簇，多数花簇排成腋生或顶生的圆锥花序，花被 5 片，雄蕊 5 枚伸出被外，胞果扁圆形，种子近黑色、光亮，直径 1～1.2 mm，具带状薄边，表面具沟纹。

生物学特性：早春型杂草，喜湿润肥沃土壤，耐盐碱。以种子繁殖，5 月中下旬出苗高峰期，土壤湿润时，7 月中下旬为第二次出苗峰期。7—8 月开花结实，8—9 月成熟，9 月中旬至 10 月上旬为枯黄期。危害期 6—9 月。常与稗草、萹蓄、卷茎蓼共生，有时也形成群落。主要危害油菜、小麦、马铃薯等。发生频率为 50.72%，危害指数为 27.86%，也是草地螟等害虫的产卵场所。

7. 萹蓄

蓼科蓼属，又名乌蓼、地蓼、扁竹、扁竹子、猪牙菜等。

形态特征：一年生草本。高 10～40 cm，茎平卧或斜升，由基部分枝，分枝力强，无毛。叶片狭椭圆形、矩圆状倒卵形、披针形，长 1～3 cm，宽 5～13 mm，先端钝圆或锐尖，基部楔形，全缘，两面均无毛。托叶鞘膜质，上部白色，下部褐色。花常 1～5 朵簇生于叶腋，花被 5 深裂，绿色，边缘淡红或白色；雄蕊 8，花柱 3，柱头头状。瘦果卵状三面体形，具三纵钝棱，长 3.8 mm，宽 1.9 mm，棕褐色或暗褐色，无光泽。

生物学特性：早春型杂草，以种子繁殖。种子在 10 ℃即可萌发，适温 15～20 ℃，本区域 5 月上中旬萌发出苗，发芽深度 1～4 cm。6—8 月为开花结实期，花后半月渐次成熟落粒。经冬季休眠后萌发。危害期 5—

9月，常与藜、芦苇、打碗花、苦菜等一起危害。有时也成片单一群落，主要危害油菜、小麦、大麦、蔬菜、马铃薯等。发生频率78.35%，危害指数48.04%，并可诱发蚜虫等害虫。

8. 卷茎蓼

蓼科蓼属，俗名荞麦蔓。

形态特征：一年生草本。茎缠绕，高30～70 cm，细弱，有条棱，常有分枝。叶片三角状卵形，有柄，叶长1.5～6 cm，宽1～5 cm，先端渐尖，基部心形或戟形，托叶鞘短，褐色，穗状花序，簇生于叶腋，苞片卵形，内含2～4朵花，花被淡绿色；5深裂，雄蕊8，柱头3；瘦果菱状三面体，具3锐棱，长3 mm，宽2 mm，黑色，无光泽。

生物学特性：晚春型杂草，以种子繁殖，10 ℃时可萌发，适温15～20 ℃，萌发深度0.3～6 cm，种子在深层土中存活5～6年。本地区5月上中旬出苗，6月下旬现蕾，7月开花结实，8月中旬渐次成熟落粒。越冬休眠后萌发。危害期6—8月。卷茎蓼为恶性杂草，常与稗草、狗尾草、苍耳等一起危害油菜、小麦、大麦等。尤以油菜为重，发生频率18.18%，危害指数7.56%。

9. 苣荬菜

菊科苣荬菜属，别名取麻菜、苦荬菜、苦苦菜。

形态特征：多年生杂草，全体含乳汁。具发达的匍匐茎，入土较深。茎直立，高20～80 cm，下部常带紫红色，上部分枝或不分枝。叶灰绿色，基生叶与茎下部叶宽披针形、矩圆状披针形或长椭圆形，长4～20 cm，宽1～3 cm，先端钝或锐尖，具小尖头，基部半包茎，具稀疏的波状牙齿或羽状浅裂，裂片三角形，边缘有小刺尖齿，两面无毛，中部叶无柄，最上部叶小，披针形或条状披针状。头状花序在茎项排列成伞房状，有时单生，直径2～4 cm，总苞钟状，苞片3层，先端钝，背部被短柔毛或微毛；花冠舌状，黄色，长约2 cm，瘦果矩圆形，微扁，直或稍弯，黄褐色，顶端具圆形衣领状环，果脐椭圆形、凹陷。冠毛白色，长12 mm。

生物学特性：种子与根芽繁殖，种子在2.5～4 ℃即萌发，适温15～25 ℃，实生苗在第一年只进行营养生长，以幼苗越冬，早春5月下旬至6月返青，7月至8月中旬开花结实。根茎多分布在5～20 cm的土层中，质脆易断，再生能力强，每个断节均能萌发成新株。危害期5—9月，为多年生恶性杂草，常群生成单一小片群落，主要危害油菜、小麦、马铃薯、蔬菜等。发生频率9.81%，危害指数4.75%。

10. 黄花蒿

菊科蒿属，别名臭黄蒿。

形态特征：一年生或越年生杂草，株高35～100 cm。茎直立，粗壮，具纵沟棱，无毛或疏被毛，带褐色或紫褐色，多分枝斜生。叶有柄，基生叶及茎下部叶在花期枯萎，茎中部叶卵形，长4～7 cm，宽3～5 cm，2～3回羽状全裂，呈栉齿状，小裂片矩圆状条形，先端锐尖，全缘或具1～2锯齿或缺刻，密布腺点。上部叶小，常为1～2回羽状全裂。头状花序球形，直径1.5～2 mm，有短梗，下垂，常有条形苞叶，极多数密集成扩展即呈金字塔形的圆锥状，总苞无毛，绿色，稍有光泽，总苞片2～3层，边缘小花雌性，花冠管状，中央小花两性，花冠钟状管形，鲜黄色，瘦果倒卵形，直或稍弯曲。长0.9～1 mm，宽0.5 mm，淡黄色，带银白色光泽，具细皱纹或不明显的纵条纹。

生物学特性：早春型杂草。以种子繁殖，春秋季均发生，适温25～30 ℃，秋季7—8月发生，以幼苗或种子越冬。春季4月下旬至5月上中旬返青，7—9月上旬花果期。发生频率0.08%，危害指数0.03%。

11. 大籽蒿

菊科蒿属，别名白蒿、大马蒿。

形态特征：幼苗下胚轴发达，淡紫色。子叶椭圆形，草质，较厚，长约4 mm，宽2.8～3 mm，基部联合。初生叶1片；先端钝或渐尖，基部楔形，叶缘左侧近顶端有土齿或2齿，具柄，圆柱形，被柔毛，基部鞘状抱茎。后生叶1片，互生，逐渐齿裂至二回羽状深裂，小裂片条形或条状披针形，密被伏柔毛。成株为1～2年生草本，高30～100 cm，根粗壮，支根多数。茎直立，粗壮，具纵沟棱，被白色短柔毛，由基部或中部以上分枝，或不分枝。茎下部叶或中部叶具长柄，基部有假托叶或无，叶片宽卵形或宽三角形，2～3回羽状深裂，侧裂片2～8对，小裂片条形或条状披针形，先端钝或渐尖，上面绿色，疏被伏柔毛，下面密被伏柔毛，两面密布腺点，上部叶渐变小，羽状全裂或不裂。头状花序较大，下垂，多数在茎上排列成扩展的圆锥状，有短柄及条形苞叶，总苞半球形，直径4～6 mm，总苞片3～4层，边缘小花雌性，中央小花两性，花托凸起，密被托毛。瘦果倒卵形，长1.5～1.8 mm，宽0.9 mm，先端圆，向基部渐尖，常于中部稍弯曲，表面灰褐色、红褐色或黄褐色，通过膜质果皮常透出黑色斑，带有银灰色光泽，果皮膜质，有细纵沟。花柱残留物仅为一白色圆点，果脐小，圆形，黄白色，呈冠状。

生物学特性：晚春型杂草。以种子进行繁殖。春秋均能萌发。适宜发芽温度为25～30 ℃，6月中旬出苗，7—8月为开花期，8—9月结实期，10月枯黄期。危害期5—8月。主要危害油菜、大豆、马铃薯、小麦、玉米。根部发达，株高而枝叶繁茂，危害较重。

12. 猪毛蒿

菊科蒿属，别名米蒿、黄蒿、东北茵陈蒿、臭蒿、滨蒿。

形态特征：多年生草本，高40～90 cm。茎直立，紫红色，有条纹，上部多分枝，枝细而密。叶密集，幼时密被灰色绢状长柔毛，后渐脱落。茎下部叶与不育枝的叶同形，有长柄，叶片圆形或矩圆形，2～3回羽状全裂，小裂片条形、条状披针形或丝状条形，先端尖；茎中部具短柄。瘦果矩圆形或倒卵状矩圆形，褐色，有纵沟，无毛。喜沙质土壤，多生于较干旱的农田、荒地、路旁等处，新垦地最多。

生物学特性：早春型杂草。以种子进行繁殖。以幼苗或种子越冬。8—9月出苗，发芽深度为1～3 cm，土壤深层种子可存活多年，10月中旬地上部枯死，次年4月返青，约30 d即可抽茎分枝，花期为7—8月，8—9月种子成熟落地。危害期为5月上旬至7月下旬。

13. 刺儿菜

菊科刺儿菜属，俗名：小蓟、刺蓟、小刺儿菜。

形态特征：高30～50 cm，茎直立，幼茎被白色蛛丝状毛，有棱。上部有分枝。单叶互生，缘具刺状齿，下部和中部叶椭圆状披针形，有时羽状浅裂，长6～10 cm，宽1.5～2.5 cm，两面被白色蜘蛛丝状毛，幼叶尤为明显。雌、雄异株，雄株头状花序较小，雌株花序则较大，总苞片多层，外层甚短，中层以内先端长渐尖，具刺；花冠紫红色，雄花花冠长15～20 mm，花冠裂片长10 mm；雌花花冠长25 mm，裂片长5 mm，花药紫红色，雄蕊长约2 mm。瘦果椭圆形或长圆形或长卵形略扁，表面浅黄色至褐色，有波状横皱纹，每面具1条明显的纵脊；冠毛白色，羽毛状。

生物学特性：多年生草本，以根状茎上不定芽和种子繁殖。5—9月间都可萌发，6—7月开花，8—9月成熟。成熟种子借冠毛被风吹飞到很远的地方而传播。种子经越冬休眠后萌发，在土壤中萌发深度为0～5 cm，种子萌发的实生苗，当年只进行营养生长，生长簇生根叶，至第二、三年才抽茎开花。根在土壤中分布达 50 cm 左右，最深可达 1 m。土壤上层根茎着生越冬芽，向下则生潜伏芽。切断水平生长的根茎，则每段都能萌发生成新株，借以迅速繁殖扩散。

14. 鼬瓣花

唇形科鼬瓣花属，别名野苏子。

形态特征：一年生直立杂草。叶具柄；叶片卵状披针形或披针形，边缘具齿。成株株高 20～60 cm，茎上密被具节长刚毛及贴生短柔毛，或上部常杂有腺毛。叶卵圆状披针形或披针形，长 3～8.5 cm，先端急尖或渐尖，基部渐狭至宽楔形，叶柄长 1～2.5 cm。轮伞花序腋生，多花，密集；花萼筒状钟形，连萼长约 1 cm，外被长硬毛，齿 5，三角形，等长，先端长刺状；花白色、黄色或粉红色，长约 1.4 cm，冠筒漏斗状，喉部增大，长约 8 mm，上唇卵圆形，先端钝，具不等的数齿，外被刚毛，下唇 3 裂。雄蕊 4，药 2 室，二瓣横裂，内瓣较小，有 1 丛纤毛。花盘前方指状增大；子房无毛，褐色。子实小坚果倒卵状三角形，褐色，有秕鳞。

生物学特性：一年生草本。花期 7—9 月，果期 8 月中旬至 9 月中旬。种子繁殖。

15. 野胡萝卜

伞形科胡萝卜属。

形态特征：成株全体有硬粗毛。直根肉质，淡红色或近白色。茎直立，单一或分枝，具条棱，高 20～120 cm。基生叶丛生，茎生叶互生，叶片 2～3 回羽状全裂，末回裂片线形至披针形。复伞形花序顶生。总苞片叶状，羽状分裂，裂片条形。伞幅多数。小总苞片 5～7 片，线形，不裂或羽状分裂。花瓣 5 片，白色或淡红色。双悬果长圆形，灰黄色至黄色，4 次棱，有翅，翅上有短钩刺。幼苗子叶 2 片，近线形，长 7～9 mm，宽约 1 mm，先端钝或渐尖，基部箭狭初生叶 1 片，具长柄，叶片 2 深裂，末回裂片线形，后生叶 2 回羽状全裂。下胚轴发达，淡紫红色。

生物学特性：越年生杂草。秋季或早春出苗，花果期 5—9 月。种子繁殖。全国各地均有分布。部分作物受害较重。

16. 迷果芹

伞形科迷果芹属，别名东北迷果芹、山胡萝卜。

形态特征：一年生或二年生草本。幼苗下胚轴发达，上部淡紫色，下部白色。子叶条形，长18～20 mm，宽2～3 mm，先端锐尖，基部渐狭，具柄，长10～14 mm。初生叶1片，宽卵形，三深裂，长宽各为20～22 mm，小裂片近条形，具柄，长约20 mm，基部加宽呈鞘状抱茎，其边缘密被长柔毛。后生叶为不规则二回羽状全裂，具长柄。成株高30～125 cm。茎直立，多分枝，茎下部与节部被开展的或弯曲的长柔毛，茎上部与节间常无毛或近无毛。基生叶开。花时早枯落，茎下部叶具长柄，叶鞘三角形，抱茎，茎中部或上部叶的叶柄一部分或全部成叶鞘，叶柄和叶鞘被长柔毛；叶3～4回羽状全裂，一回或二回羽片均为3～4对，最终裂片条形，上部叶渐小并简化。复伞形花序；伞辐5～9，不等长，通常无总苞片，小总苞片6，果期向下反折，花两性（主伞的花）或雄性（侧伞的花），萼齿很小，三角形，花瓣白色，倒心形，先端具内卷小舌片，边缘花的外侧花瓣增大。双悬果矩圆状椭圆形，长5～5.6 mm，宽约2 mm，黑色，分生果背面稍凸，果棱隆起，腹面微凹，中央具1条纵沟。脐着生腹面基部，近圆形，白色。分生果横切面圆状五角形，内有1条维管束，棱槽宽阔，每棱槽中具筛管2～4条、合生面具4～6条；胚乳腹面具深凹槽；心皮柄2中裂。

生物学特性：以种子进行繁殖。种子萌发适宜温度为18～25 ℃，5月上旬出苗，越冬幼苗也同时返青，6月下旬至7月中旬为开花期，7—8月为结实期。危害期5—8月。主要危害麦类、马铃薯、油菜等作物。

17. 猪毛菜

藜科猪毛菜属。

形态特征：一年生草本，高30～60 cm，茎近直立，近基部分枝，开展，茎、枝都有条纹。叶条状圆柱形，肉质，长2～5 cm，粗1～2 mm，先端具小刺尖，深绿色，有时带红色。花小，腋生密集排列成穗状花序，稀单生，雄蕊5枚，柱头2个。胞果倒锥体形至倒卵形，长2～2.5 mm，宽1.2～1.4 mm，果皮干膜质，黄绿色至灰褐色，种子扁圆呈蜗牛形，直径1.5～1.6 mm，黄色，胚弯曲成螺旋状，无胚乳。

生物学特性：为早春型杂草，以种子繁殖，适宜发芽温度为10～20 ℃，发芽深度1～3 cm，土壤深层种子1～2年后，失去发芽能力。5月中下旬为出苗高峰期，苗期生长缓慢，麦类抽穗后，它生长加快，7—8月为花果期，种子于8月中后期渐次成熟，10月全株干枯后，从茎基部断落，随风滚动传播，种子经冬季休眠后萌发。危害期6—9月，常与刺儿菜、狗尾草等混生危害，主要危害小麦、马铃薯、豆类等，因其生长期长，株型大，对地力消耗大。

18. 草地凤毛菊

菊科凤毛菊属，别名驴耳凤毛菊、羊耳朵。

形态特征：多年生草本。高 20～50 cm。茎直立，具纵沟棱，被短柔毛或近无毛。基生叶与下部叶椭圆形、宽椭圆形或矩圆状椭圆形，先端渐尖或锐尖，基部楔形，具长柄，全缘或有波状齿至浅裂，上面绿色，下面淡绿色，两面疏被柔毛或近无毛，密布腺点，边缘反卷；上部叶渐变小，披针形或条状披针形，全缘。头状花序多数，在茎顶和枝端排列成伞房状，总苞钟形或狭钟形；总苞片 4 层，疏被蛛丝状毛和短柔毛，外层者披针形或卵形，顶端有近圆形膜质、粉红色而有齿的附片；花冠粉红色，全部为管状花。瘦果矩圆状，稍呈四棱柱形，顶端稍宽，基部渐狭，直或稍弯曲，表面具不等形纵条纹，长约 3.5 mm，宽约 1.0 mm，顶端具衣领状环，色稍深，花柱残留物褐色；基底着生面斜；冠毛 2 层，外层者白色，短糙毛状，内层淡褐色，羽毛状。

生物学特性：以种子进行繁殖。5 月上旬出苗，5 月下旬至 7 月下旬为营养期，8 月中旬至下旬为开花期，8 月下旬至 9 月中旬为成熟期，8 月中旬至下旬为开花期，8 月下旬至 9 月中旬为成熟期，危害期 5 月至 8 月下旬。

19. 田旋花

旋花科旋花属，别名中国旋花、箭叶旋花。

形态特征：多年生缠绕或平卧草本。无毛，具细长白色的根状茎，茎通常由基部分枝，叶互生，具长柄，基部叶全缘，近椭圆形，长 1.5～4.5 cm，宽 2～3 cm，基部心形，茎上部叶三角状戟形，侧裂片开展，通常 2 裂，中裂片披针形或卵状三角形，顶端钝尖，基部心形。花单生叶腋，花梗长于叶柄，苞片 2，卵圆形，包围花萼，萼片卵形或长椭圆形、花冠漏斗状，粉红色或淡紫花，直径 2～3 cm，雄蕊 5，内藏，花丝基部扩大，有细鳞毛，花盘环状，子房无毛，柱头 2 裂，裂片矩圆形、扁平。蒴果卵圆形，微尖，光滑无毛。种子卵形，背面呈拱形，中央有一条约为种子长 3/5 的凹沟，腹面中央有一条纵脊，把腹面分成 2 个斜面，斜面中央常凹陷。腹面向上时顶端稍上翘，长 4.5～5 mm，宽 2.9～3.4 mm，表面黑褐色或近黑色，粗糙，密被小颗粒状纹饰。

生物学特性：早春型杂草，以根芽繁殖或种子繁殖。一般 4 月下旬至 5 月中旬出苗，6 月下旬至 7 月初为开花期。7 月底与 8 月中旬为成熟期。危害期 5—8 月。

20. 反枝苋

苋科苋属，别名野苋菜、老来红。

形态特征：一年生草本。高 20～60 cm。茎粗壮，单一或分枝，淡绿色，稍具钝棱，密生短柔毛。叶菱状卵形或椭圆状卵形，长 5～12 cm，宽 2～5 cm，顶端锐尖或微缺，具小芒状凸尖，基部楔形，全缘或稍呈波状，两面及边缘被柔毛。花杂性，绿白色。适应性强，干燥地或低湿地，盐碱地和酸性土壤上均可生长，普遍见于耕地、田边、荒地、菜地、路旁，村落附近杂草地和厩肥堆积处。

生物学特性：晚春杂草。以种子繁殖。最适发芽温度为 15～30 ℃，发芽深度为 1～5 cm。5—6 月出苗，6 月出现出苗高峰，7—8 月开花，8—9 月成熟，5—9 月屡见幼苗。种子边成熟，边脱落，经冬季休眠后萌发。危害期 6—8 月。

21. 牻牛儿苗

牻牛儿苗科牻牛儿苗属，别名太阳花、狼怕苗。

形态特征：一或二年生草本。高 10～50 cm，直根粗大，红色。茎平铺地面或稍斜升，多分枝，具开展的长柔毛。叶对生，长卵形或矩圆状三角形，二回羽状深裂，长 6～7 cm，宽 3～5 cm，羽片 4～7 对；小羽片条形，全缘或具 1～3 粗齿，两面被疏柔毛；叶柄长 4～7 cm，被开展长柔毛或近无毛；托叶条状披针形。伞形花序腋生，通常有 2～5 朵花，花梗长 2～3 cm；萼片 5 片，矩圆形或近椭圆形，先端具长芒；花瓣 5 个，淡紫色或紫蓝色，倒卵形，长约 7 cm，基部被白毛；子房被灰色长硬毛。蒴果鸟喙状，长 4～5 cm，棕色，顶端有长喙，成熟时 5 个果瓣与中轴分离，喙部呈螺旋状卷曲，基部具种子 1 粒。种子圆锥形，长 5～5.3 mm，宽为 1.3～1.5 mm，棕色，稍光滑。种脐圆形，小，黑色，稍凸，位于种子长的 1/2 处。脐两侧各具 2 条凹沟，脐与合点间具 1 条淡黄色脐条，长约为种子的 1/2。

生物学特性：早春型杂草。靠种子繁殖。越冬芽和种子 4—5 月返青和出苗，5 月为营养期，5—6 月为开花期，6—7 月为果期，7—8 月为结实期，9 月下旬为枯黄期。危害期为 4—9 月。发生频率为 0.15%，危害指数 0.75%。

22. 苍耳

菊科苍耳属。别名老苍子、苍耳子、刺儿苗、苍子棵。

形态特征：一年生草本，高（30）50～100（150）cm，茎直立，粗壮，圆柱形，上部有分枝。叶互生，心形或三角状卵形，长 4～10 cm，宽 5～12 cm。先端尖或钝，基部近心形或戟形，边缘具缺刻状粗齿。花淡绿色或黄褐色。瘦果椭圆形，表面被短柔毛及腺点，先端稍尖，基部近圆形，灰绿色，具纵条棱，果皮膜质易脱落。生于灌溉农田、砂质农田、路旁及荒野。

生物学特性：为晚春型杂草。属喜光型短日照植物。以种子进行繁殖。依靠自身落果或借助人、畜、风、水、农机具等外力传播。具刺的总苞内含有两个瘦果，每个瘦果有 1 粒种子，两者休眠期的长短不一致，其中一个休眠期长，经几个月甚至一年也不发芽，待过休眠期后，一年后甚至几年均可随时发芽；另一个休眠期短，在成熟后几个月内即可发芽。本种出苗最适宜的土壤深度为 3～5 cm，种子发芽时需充足的水分与较高的温度，一般最适宜的萌发温度为 15～20 ℃。5—6 月为出苗期，7—8 月为开花期，8—9 月为结实期，9—10 月为枯黄期。危害期 5—9 月。

23. 龙葵

茄科茄属。

形态特征：一年生草本，高 0.2～1 m。茎直立，多分枝。叶卵圆形，长 2.5～7 cm，宽 1.5～5 cm，先端锐尖，基部宽楔形，有不规则的波状粗齿或全缘，两面无毛或疏被短柔毛，叶柄长 1～4 cm。花序为短蝎尾状聚伞花序，腋外生，下垂，有花 4～10 朵；花萼杯状；花冠白色，辐状，裂片卵状三角形；雄蕊 5；子房卵形，花柱中部以下有白色绒毛。浆果球形，熟时黑紫色。种子近卵形，稍扁，长 2～2.3 mm，宽 1.5～1.8 mm，常呈双凸面形，顶部圆形，近基部渐狭变扁，并向一侧偏斜，淡黄色或淡褐色，稍有光泽，具细网状纹。种脐在腹面一侧的基部，为一闭合的白色缝隙。

生物学特性：晚春型杂草。以种子进行繁殖。种子经冬季休眠后即可萌发，最适发芽温度为 25～30 ℃。一般 5 月上旬出苗，5—6 月为幼苗期，6—7 月为营养期，7—8 月为开花期，8—9 月为结实期，9 月下旬果实脱落，10 月上、中旬为枯黄期。危害期为 5—10 月。

24. 苘麻

锦葵科苘麻属，别名青麻、白麻。

形态特征：一年生草本。茎直立，有柔毛。株高1～2 m。叶互生有长柄；叶片先端尖，圆心形，基部心形，四周具粗细不等的锯齿，两面全有毛。花鲜黄色，单生于叶腋，花梗细长，花萼5裂、杯形。蒴果半球状，具粗毛，先端生2长芒。种子灰褐色，肾状卵形，有毛。种脐下凹，种皮灰褐色，疏被丁字毛。

生物学特性：为晚春型杂草。以种子进行繁殖。一般5月中旬萌发，5—6月为幼苗期，6—7月为营养期，7—8月为开花期，8—9月为结实期，9月上旬落粒，9月中、下旬为枯黄期。危害期为5—9月。

25. 细叶益母草

唇形科益母草属，别名益母蒿。

形态特征：越年生杂草。幼苗除子叶外全体被短腺毛，下胚轴发达，淡紫色，上胚轴不发达。子叶2片，矩圆形，长约8 mm，宽约6 mm，先端微凹，基部近心形，具长柄。初生叶2片，对生，宽卵形或椭圆形，长约11 mm，宽约11 mm，先端钝，基部心形，边缘具钝齿，具长柄（长约25 mm)。后生叶卵形，掌状3，深裂，每裂片又具2～3裂片，有长柄。成株高30～80 cm。茎直立，钝四棱形，被糙伏毛，上部分枝或不分枝。叶形变化较大，下部叶早枯落，近圆形，浅裂，裂片有2～3钝齿；中部叶轮廓为卵形，长2.5～9 cm、宽3～4 cm，叶柄长1.5～2 cm，掌状3全裂，在裂片上再呈羽状分裂，小裂片条形，宽1～3 mm，最上部的苞叶近于菱形；3全裂成细裂片，呈条形，宽1～2 mm。轮伞花序，腋生，多花，小苞片刺状、向下反折；无花梗，花萼管状钟形，长6～10 mm，萼齿5，不等长，花冠唇形，粉红色，长1.8～2 cm，外面密被长柔毛，里面无毛，上唇矩圆形，直伸，全缘，下唇比上唇短，3裂，雄蕊4，前对较长，花丝丝状，花柱丝状，先端2浅裂。小坚果椭圆状三棱形，长2.5～2.9 mm，宽1.6～1.9 mm，灰黑色或黑色。表面粗糙，被灰白色蜡质斑点，顶端平截，截面呈三角形，背面拱凸，腹面中央有一条向下弧形弯曲的锐纵脊，把腹面分成两个斜面，斜面边缘锐，脐位于基部，长三角形或钝三角形，微凹。

生物学特性：以种子进行繁殖。最适萌发温度为25 ℃。物候期随地区不同而异，一般4月下旬至5月上旬返青出苗，4—5月为幼苗期，6—7月为营养期，7—8月为开花期，9月为成熟期，10月中旬至下旬为枯黄期。危害期 6—9 月。种子可于秋季萌发。由于其生长快，生长期长，而与作物争肥争光。在麦地、油菜地危害较重。

四、保护性耕作杂草综合防控技术研究

在前期进行的农业措施控草、化学除草、机械除草、人工除草及化学+机械除草等研究基础上，本试验进行了杂草综合防控技术研究。

（一）杂草防除效果分析

1. 燕麦田不同除草方法对杂草的防除效果分析

（1）化学除草。在每次喷施除草剂后 45 d，进行田间杂草调查，施药后每 5 d 进行一次药害调查，采用对角线五点法取样，每点 0.25 m^2，调查结果见表 5-61。

（2）药害观察。处理后 5 d、10 d、15 d、30 d、45 d，专人定时定点观察药效与药害的情况。未见明显药害。

表 5-61　燕麦田杂草防除效果调查表

试验项目	处　理	具体处理方法	株防除率（%）	鲜重防除率（%）
化学除草	单因素	2,4-D丁酯	85.2	86.8
		2甲4氯	83.1	85.2
		阔草枯	76.8	78.9
		草甘膦	81.2	82.9
		抑阔宁	68.4	70.4
		阔莠克	76.6	78.2
		巨星	86.7	87.6
		伴地农	85.6	87.8
	多因素	苗期巨星+2,4-D丁酯	93.4	94.7
		苗期伴地农+2,4-D丁酯	92.2	93.5
		苗期2甲4氯+2,4-D丁酯	91.1	93.2
		收后草甘膦+苗期巨星+2,4-D丁酯	95.7	96.8
		收后草甘膦+苗期伴地农+2甲4氯	94.3	95.5
		收后草甘膦+苗期2甲4氯+2,4-D丁酯	94.1	95.6

（续）

试验项目	处 理	具体处理方法	株防除率（%）	鲜重防除率（%）
机械除草	单因素	浅松	65.2	68.9
		深松	71.3	72.4
		中耕	76.8	79.2
人工除草			95.9	96.2
农业措施除草	耕作制度	轮作	30.1	—
		连作	—	—
	不同覆盖度	30%	18.2	—
		50%	33.6	—
		70%	57.4	—
	不同播期	早播	−12.6	—
		适播	—	—
		晚播	19.7	—
	不同播量	12 kg（大播量）	43.3	—
		10 kg（适宜播量）	—	—
		8 kg（小播量）	−26.4	—
多因素除草	机械＋化学	深松＋苗期巨星＋2,4－D丁酯	96.5	97.6
	机械＋化学	深松＋苗期伴地农＋2,4－D丁酯	95.2	96.4
	机械＋化学	深松＋苗期2甲4氯＋2,4－D丁酯	94.5	95.1
	机械＋化学	苗期中耕＋苗期巨星＋2,4－D丁酯	96.8	97.7
	机械＋化学	苗期中耕＋苗期伴地农＋2,4－D丁酯	96.1	97.3
	机械＋化学	苗期中耕＋苗期2甲4氯＋2,4－D丁酯	95.4	96.2
综合除草			97.3	98.8

（3）结果分析。

——单因素除草。化学除草在收获后用草甘膦除草，苗期茎叶喷雾用巨星、伴地农（溴苯腈）、2,4－D丁酯、2甲4氯除草；机械除草深松、中耕除草；人工除草效果比较好，防除率均在80%以上；农业措施除草选用轮作、70%的秸秆覆盖、晚播10 d、12 kg（大播量）杂草抑制效果较好。

——多因素除草。苗期巨星+2,4-D丁酯、苗期伴地农+2,4-D丁酯、苗期2甲4氯+2,4-D丁酯、收后草甘膦+苗期巨星+2,4-D丁酯、收后草甘膦+苗期伴地农+2甲4氯、收后草甘膦+苗期2甲4氯+2,4-D丁酯；深松+苗期巨星+2,4-D丁酯、深松+苗期伴地农+2,4-D丁酯、深松+苗期2甲4氯+2,4-D丁酯、苗期中耕+苗期巨星+2,4-D丁酯、苗期中耕+苗期伴地农+2,4-D丁酯、苗期中耕+苗期2甲4氯+2,4-D丁酯，株防除率均在90%以上。

——综合除草。以农业措施除草为基础，机械除草、化学除草、人工除草相结合的综合除草效果比较好，株防除率均在95%以上。

2. 大豆田不同除草方法对杂草的防除效果分析

(1) 化学除草调查方法。在每次喷施除草剂后15 d，进行田间杂草调查，施药后每5 d进行一次药害调查，每处理取3个样点，每点1 m^2，调查结果见表5-62。

表5-62 大豆田杂草防除效果调查表

试验项目	处 理	具体处理方法	株防除率(%)	鲜重防除率(%)
化学除草	单因素	草甘膦	81.2	82.4
		精喹禾灵	73.3	74.6
		苯达松	83.2	84.4
		乙草胺	87.4	89.1
		噻吩磺隆	81.4	83.2
		高效盖草能	75.4	76.6
		氟磺胺草醚	89.1	90.7
	多因素	乙·噻·滴丁酯	93.2	94.1
		乙·嗪·滴丁酯	91.3	92.6
		扑·乙·滴丁酯	93.5	94.7
		松·喹·氟磺胺	94.2	95.3
机械除草	单因素	浅松	65.2	88.9
		深松	75.4	76.6
		中耕	85.7	86.2
人工除草			97.9	98.2

（续）

试验项目	处 理	具体处理方法	株防除率（%）	鲜重防除率（%）
农业措施除草	耕作制度	轮作	30.1	—
		连作	—	—
	不同覆盖度	30%	18.3	—
		50%	—	—
		70%	58.6	—
	不同播期	早播（5.1）	−16.3	—
		适播（5.10）	—	—
		晚播（5.20）	43.4	—
	不同播量	4 kg	−13.5	—
		5 kg	—	—
		6 kg	21.6	—
多因素除草	机械＋化学	深松＋松·喹·氟磺胺	96.4	97.2
	机械＋化学	深松＋乙·噻·滴丁酯	95.7	96.4
	机械＋化学	深松＋扑·乙·滴丁酯	96.5	97.4
	机械＋化学	中耕＋松·喹·氟磺胺	97.5	98.3
	机械＋化学	中耕＋乙·噻·滴丁酯	97.1	98.2
	机械＋化学	中耕＋扑·乙·滴丁酯	97.6	98.5
综合除草			98.3	99.4

（2）药害观察。各处理区未见明显药害。

（3）结果分析。

——单因素除草。大豆田播后苗前封闭除草选用乙草胺、噻吩磺隆，收获后除草选用草甘膦，苗期禾本科杂草选用精喹禾灵、高效盖草能，苗期阔叶杂草选用苯达松、氟磺胺草醚，防除效果较好，杂草防除率达70%以上；机械除草选用深松、中耕防除效果较好，杂草防除率达 75%以上；农业措施除草选用轮作、70%的秸秆覆盖、晚播（5 月 20 日）、6 kg（大播量）杂草抑制效果较好。

——多因素除草。大豆田播后苗前封闭除草选用乙·嗪·滴丁酯，如果地块无苍耳或苍耳较少，可用乙·噻·滴丁酯和扑·乙·滴丁酯，杂草防除效果较好，防除率达90%以上；苗期茎叶处理选用松·喹·氟磺胺，杂草防除效果较好，防除率达90%以上。

机械+化学除草选用深松+松·喹·氟磺胺、深松+乙·噻·滴丁酯、深松+扑·乙·滴丁酯、中耕+松·喹·氟磺胺、中耕+乙·噻·滴丁酯、中耕+扑·乙·滴丁酯，杂草防除效果较好，防除率达90%以上。

——综合除草。以农业轮作除草为基础，机械除草、化学除草、人工除草相结合的综合除草效果比较好，株防除率均在98%以上。

3. 玉米田不同除草方法对杂草的防除效果分析

（1）玉米田杂草调查方法。施药后第2 d开始观察，2 d观察1次，直到施药后15 d，以后一周观察1次，药后20 d调查防效，药后45 d调查最终株防除率及杂草鲜重防除率。各小区按5点取样法调查，每点0.25 m^2，最后一次调查结果结束收取样点内杂草，称其鲜重，同时观察玉米对药剂的敏感情况，调查结果见表5-63。

表5-63　玉米田杂草防除效果调查表

试验项目	处　理	具体处理方法	株防除率（%）	鲜重防除率（%）
化学除草	播后苗前	莠去津	86.1	69.7
		乙草胺	90.3	93.5
		乙草胺+莠去津	96.9	98.57
		都尔	73.4	91.4
		乙草胺+2,4-D丁酯	89.5	96.86
	苗　期	2,4-D丁酯	83.7	94.0
		2甲4氯	73.0	91.48
		玉农乐	93.6	95.6
		玉农乐+莠去津	89.0	93.5
		玉农乐+2,4-D丁酯	95.8	97.88
		2甲4氯+莠去津	83.2	92.8
		莠去津+玉农乐	96.0	97.9
	播后苗前+苗期	（乙草胺+莠去津）+（玉农乐+2,4-D丁酯）	97.2	98.3

（续）

试验项目	处　理	具体处理方法	株防除率（%）	鲜重防除率（%）
机械除草	浅旋		57.3	60.1
	深松		76.5	78.9
	中耕		64.8	67.2
	浅旋＋深松＋中耕		90.2	96.8
人工除草			95.0	96.0
轮作除草			31.2	32.4
综合除草		工艺一：播前浅旋除草—机械播种—苗期化学除草—机械中耕除草 工艺二：播后苗前化学除草—机械免耕播种—苗间深松除草—机械中耕除草	97.5	98.6
多因素除草	浅旋＋化学除草	浅旋＋(玉农乐＋2,4－D丁酯)	91.8	95.5
	深松＋化学除草	深松＋(玉农乐＋2,4－D丁酯)	94.7	96.6
	中耕＋化学除草	中耕＋(玉农乐＋2,4－D丁酯)	93.5	95.3

（2）药害观察。施药后 2 d 观察，喷施玉农乐的玉米叶片叶尖发黄，一周后恢复正常。喷施 2 甲 4 氯的 60%玉米叶片发黄，一周后恢复正常。玉农乐与2,4－D丁酯混配喷施，玉米叶片有干枯现象，且部分叶片较重，8 d 后恢复正常。

（3）结果分析。

——单一药剂化学除草。

从株防除率来看：化学除草在播后苗前土壤处理用莠去津、乙草胺，茎叶喷雾用玉农乐除草效果比较好，人工除草效果也比较好，防除率达90%以上。

从鲜重防除率来看：化学除草用乙草胺、玉农乐、2,4－D 丁酯、2 甲 4 氯、都尔除草效果比较好，防除率达 90%以上，有的达 95%。

——两种或两种以上药剂化学除草。

从株防除率来看：化学除草在播后苗前用乙草胺＋莠去津，苗期用玉农乐＋莠去津、玉农乐＋2,4－D丁酯，播后苗前＋苗期用莠去津＋玉农乐、（乙草胺＋莠去津）＋（玉农乐＋2,4－D丁酯），防除率均在90％以上。

从鲜重防除率来看：化学除草在播后苗前用（乙草胺＋莠去津），苗期用玉农乐＋莠去津、玉农乐＋2,4－D丁酯、2甲4氯＋莠去津，播后苗前＋苗期用莠去津＋玉农乐、（乙草胺＋莠去津）＋（玉农乐＋2,4－D丁酯），防除率达90％以上。

——多因素除草。

从株防除率来看：机械除草用浅旋＋深松＋中耕除草，机械与化学相结合用浅旋＋化学除草、深松＋化学除草、中耕＋化学除草及综合除草效果比较好，防除率均在90％以上。

从鲜重防除率来看：机械除草用浅旋＋深松＋中耕除草，机械与化学相结合用浅旋＋化学除草（玉农乐＋2,4－D丁酯）、深松＋化学（玉农乐＋2,4－D丁酯）、中耕＋化学除草（玉农乐＋2,4－D丁酯）及综合除草效果比较好，防除率达90％以上。

无论是株防除率还是鲜重防除率，利用播后苗前配合苗期进行化学除草，或者播前机械除草加上苗期进行化学除草和机械中耕除草的综合除草技术，杂草防除效果均达到90％以上。

从目测情况来看："玉农乐"对禾本科杂草除草效果较明显，喷药后有95％左右禾本科杂草枯死。"2,4－D丁酯"对阔叶杂草如藜的除草效果较明显。"2甲4氯"、"都尔"对杂草有抑制生长作用，去除效果较差。多因素处理"玉农乐＋2,4－D丁酯"对阔叶杂草如苍耳、藜等防除效果较明显，对禾本科杂草也有一定的防除作用。"2甲4氯＋莠去津"对阔叶杂草有抑制生长的作用。"2,4－D丁酯＋乙草胺"对杂草防除效果一般。"玉农乐＋莠去津"处理区禾本科杂草、阔叶杂草均有枯死，但枯死的数量较少。

综上所述，化学除草在播后苗前土壤处理用莠去津、乙草胺、乙草胺＋莠去津，茎叶喷雾使用玉农乐、玉农乐＋2,4－D丁酯配伍组合效果比较好；机械除草用浅旋＋深松＋中耕除草效果比较好；机械与化学相结合用浅旋＋化学除草、深松＋化学、中耕＋化学除草及综合除草效果比较好。

4. 小麦田不同除草方法对杂草的防除效果分析

（1）小麦田化学除草调查方法。在每次喷施除草剂后 45 d，进行田间杂草调查，施药后每 5 d 进行一次药害调查，采用对角线五点法取样，每点 0.25 m^2，调查结果见表 5－64。

表 5－64　小麦田杂草防除效果调查表

试验项目	处　理	具体处理方法	株防除率（%）	鲜重防除率（%）
化学除草	苗期单因素除草	2,4－D丁酯	90.5	90.2
		2甲4氯	83.1	89.3
		阔草枯	65.3	69.2
		护麦	85.3	87.3
		抑阔宁	66.2	69.6
		燕麦畏	77.5	69.1
		骠马	86.6	85.2
	苗期多因素除草	抑阔宁＋骠马	97.7	84.6
		护麦＋阔莠克	97.5	96.6
		护麦＋骠马	80.9	95.5
		2,4－D丁酯＋骠马	92.3	87.8
机械除草	浅旋		88.9	85.8
	浅松		66.7	64.8
	中耕		80.1	93.4
	浅旋＋中耕		90.6	86.4
	浅松＋中耕		93.1	96.7
人工除草			89.9	86.2
轮作除草			30.1	28.2
综合除草			95.6	94.8
多因素除草	浅旋＋化学除草	浅旋＋抑阔宁	62.3	80.0
	浅旋＋化学除草	浅旋＋(2,4－D丁酯＋骠马)	92.3	87.8
	浅松＋化学除草	浅松＋(2,4－D丁酯＋骠马)	86.9	86.5

（2）药害观察。骠马喷药后 5～15 d 小麦第 4～5 片叶有 60%的叶缘发黄，其他各区未见明显药害。

（3）结果分析。

——单因素除草。

从株防除率来看：化学除草在苗期茎叶喷雾用2,4-D丁酯、2甲4氯、护麦、骠马除草，机械除草用浅旋除草，人工除草效果都比较好，防除率均在85%以上。

从鲜重防除率来看：化学除草在苗期茎叶喷雾用2,4-D丁酯、2甲4氯、护麦、骠马除草，机械除草用浅旋、中耕除草效果比较好，防除率均在85%以上。

——多因素除草。

从株防除率来看：化学除草在苗期用抑阔宁+骠马、护麦+阔莠克、2,4-D丁酯+骠马除草，机械除草用浅旋+中耕除草，机械与化学相结合用浅旋+化学除草及综合除草效果比较好，防除率均在90%以上。

从鲜重防除率来看：化学除草在苗期用抑阔宁+骠马、护麦+阔莠克、2,4-D丁酯+骠马、护麦+骠马除草，机械除草用浅旋+中耕除草，机械与化学相结合用浅旋+化学除草及综合除草效果比较好。特别是综合除草，株防除率和鲜重防除率均达到94%。

从目测情况来看：骠马对禾本科杂草除草效果较明显，喷药后有95%左右禾本科杂草枯死。2,4-D丁酯、2甲4氯、护麦对阔叶杂草除草效果较明显；阔草枯、抑阔宁对杂草有抑制生长作用，去除效果较差。

综上所述，化学除草在苗期茎叶喷雾用2,4-D丁酯、2甲4氯、护麦、骠马，抑阔宁+骠马、护麦+阔莠克、2,4-D丁酯+骠马除草配伍组合效果比较好；机械除草用浅旋+中耕除草，机械与化学相结合用浅旋+化学除草及综合除草效果比较好。

轮作除草区，直接防除率2.8%，间接防除率27.3%，综合防除率为30.1%。

播前浅旋除草区防除率为88.9%，播前浅松除草区防除率为66.7%。

收获后，针对田间较多的越年生与多年生杂草亩用草甘膦400 ml，兑水40 kg，茎叶喷雾处理。药后7 d、15 d定点调查，有效率已达85%以上。

5. 芥菜型油菜田不同除草方法对杂草的防除效果分析

（1）化学除草调查方法。在每次喷施除草剂后45 d，进行田间杂草调查，施药后每5 d进行一次药害调查，采用对角线五点法取样，每点0.25 m^2，调查结果见表5-65。

表5-65 芥菜型油菜田杂草防除效果调查表

试验项目	处理	具体处理方法	株防除率（%）	鲜重防除率（%）
化学除草	单因素	农伯乐	85.8	86.4
		精喹禾灵	85.1	85.0
		高效盖草能	85.6	85.2
		拿捕净	83.2	83.0
		氟乐灵	92.5	92.6
		高特克	65.3	63.2
		龙拳	67.3	65.7
	多因素	农伯乐+2甲4氯钠	93.1	94.0
		农伯乐（秋季）+2甲4氯钠+拿捕净	93.6	91.5
		农伯乐（秋收后）+氟乐灵（播前）	96.5	94.8
		农伯乐（播前）+精喹禾灵+高特克	81.6	79.4
		农伯乐（秋收后）+氟乐灵（播前）+扑草净	95.1	94.3
		农伯乐（播前）+精稳杀得（苗期）+龙拳	85.3	82.4
		农伯乐+2甲4氯钠+氟乐灵+扑草净	96.1	95.4
机械除草		浅旋	61.9	87.1
		浅松	65.2	88.9
		深松	71.3	72.4
		中耕	74.8	89.2
人工除草			89.9	86.2
多因素除草		播前农达除草—苗期中耕除草—蕾苔期拔大草	80.3	85.6
		浅旋+拿捕净+龙拳	82.3	83.2
		浅旋+高效盖草能+高特克	86.9	86.8
		浅松+高效盖草能+龙拳	83.6	83.8
		浅松+人工除草	93.4	94.3
轮作除草			30.1	28.2
综合除草			95.6	94.8

（2）药害观察。处理后5 d、7 d、15 d、30 d、45 d，专人定时定点观察药效与药害的情况。高效盖草能、精喹禾灵、拿捕净等防除禾本科杂草的除草剂防效好，药害轻微，只是部分叶尖发黄，10 d后恢复正常。精稳

杀得对小油菜苗的药害较重，顶叶发黄，生长受控，半月后才恢复生长。药害最重的是高特克、龙拳三个阔叶类除草剂，对芥菜型油菜反应很敏感，施药 5 d 后，油菜叶片大部分变黄，主叶脉叶柄扭曲，生长点歪曲，生长期发育严重受阻，不能开花结实。

（3）结果分析。

——单因素除草。化学除草在播前用氟乐灵除草，在收获后用农伯乐除草，苗期茎叶喷雾用精喹禾灵、高效盖草能、拿捕净除草；机械除草浅旋、浅松、中耕除草；人工除草效果比较好，防除率均在 80％以上。

——多因素除草。收获后用（农伯乐＋2 甲 4 氯钠）、收获后用（农伯乐＋2 甲 4 氯钠）＋高效盖草能（苗期），收获后用（农伯乐＋2 甲 4 氯钠）＋氟乐灵（播前）＋捕草净（苗期），浅旋（播前）＋苗期（高效盖草能＋高特克）、浅松＋人工除草，株防除率均在 85％以上。

——综合除草。以农业轮作除草为基础，机械除草、化学、人工除草除草相结合的综合除草效果比较好，株防除率均在 90％以上。

6. 甘蓝型油菜田不同除草方法对杂草的防除效果分析

（1）化学除草调查方法。在每次喷施除草剂后 15 d，进行田间杂草调查，施药后每 5 d 进行一次药害调查，每处理取 3 个样点，每点 1 m^2，调查结果见表 5 - 66。

表 5 - 66　甘蓝型油菜田杂草防除效果调查表

编号	处　理	相对防效（％）	株防除率（％）
1	播后出苗前 3 d 喷草甘膦	33.8	—
2	浅松、灭草时喷水	46.7	60.4
3	深松、灭草时喷水	53.5	64.2
4	龙拳	43.2	43.7
5	高效盖草能	35.5	55.3
6	高特克＋龙拳＋高效盖草能	89.1	89.6
7	对照（ck）	—	—
8	高特克＋高效盖草能	92.6	93.7
9	高特克＋龙拳	65.1	67.4
10	高特克＋精禾草克	93.7	94.3
11	轮作	31.6	32.5

（续）

编号	处　理	相对防效（%）	株防除率（%）
12	连作	—	—
13	中耕机进行机械中耕除草	62.7	43.2
14	四轮牵引油菜拔除机拔除稆生油菜	29.9	29.0
15	拔除机拔除稆生油菜，再用中耕机中耕	85.1	84.3
16	人工除草	93.7	94.2
17	对照（ck）	—	—
18	深松＋高特克＋高效盖草能	91.4	91.7
19	深松＋高特克＋龙拳	81.2	83.5
20	浅松＋高特克＋高效盖草能	92.4	93.0
21	浅松＋高特克＋龙拳	75.6	76.3
22	中耕＋高特克＋高效盖草能	96.8	95.4
23	中耕＋高特克＋龙拳	86.5	84.2
24	对照（ck）	—	—
25	小麦茬播种油菜	30.2	29.5
26	30%秸秆覆盖度	40.1	39.4
27	50%秸秆覆盖度	65.1	63.2
28	70%秸秆覆盖度	60.5	59.6
29	常规播种	—	—
30	在常规播种基础上增加10%	36.2	35.3
31	在常规播种基础上增加20%	40.2	38.3
32	正常播期	—	—
33	较正常播期提前10 d	—	—
34	较正常播期延后10 d	33.6	34.5
35	轮作＋中耕＋化除＋机械拔除＋人工拔除	95.8	94.8
36	轮作＋化除＋中耕＋机械拔除＋人工拔除	96.3	95.3
37	轮作＋收获后喷草甘膦＋中耕＋机械拔除＋人工拔除	95.4	94.5
38	轮作＋播前喷草甘膦＋中耕＋机械拔除＋人工拔除	95.7	95.0
39	对照（ck）	—	—
40	连作	—	—

（2）药害观察。各处理区未见明显药害。

（3）结果分析。

——单因素除草。高效盖草能、精禾草克防除禾本科杂草效果很好，防除率均在95%以上；高特克对藜的防除率达90%以上，龙拳对卷茎蓼、苣荬菜防效达90%以上；收获后针对田间较多的越年生与多年生杂草用草甘膦进行秋季灭草，防除率达85%以上。

——多因素除草。高特克＋精禾草克、高特克＋高效盖草能、高特克＋精禾草克、浅松＋高特克＋高效盖草能、深松＋高特克＋高效盖草能、中耕＋高特克＋高效盖草能，综合防除率达90%以上。

——综合除草。以农业轮作除草为基础，机械除草、化学、人工除草相结合的综合除草效果比较好，株防除率均在90%以上。

（二）不同处理对作物植物学性状及产量的影响

1. 不同处理对燕麦植物学性状及产量的影响

不同处理对燕麦植物学性状及产量的影响见表5-67。

表5-67　不同处理对燕麦植物学性状及产量的影响表

处　理	亩穗数（万）	株高（cm）	穗粒数（粒）	千粒重（g）	产量（kg/亩）	增产率（%）
对照	15.6	48.0	15.5	28.2	67.7	
2,4-D丁酯	22.8	80.0	18.0	37.1	152.3	125.0
2甲4氯	28.0	78.0	16.6	29.7	138.1	104.0
阔草枯	19.4	40.8	17.0	25.8	85.3	26.0
草甘膦	18.4	83.0	18.9	37.6	130.8	93.2
抑阔宁	16.9	37.1	14.7	28.4	70.7	4.4
阔莠克	22.2	84.0	18.2	37.7	152.2	124.8
巨星	22.1	82.0	19.1	37.1	148.5	119.4
伴地农	17.7	73.0	20.5	37.1	134.7	99.0
浅松	18.7	38.0	16.6	29.8	92.4	36.5
深松	20.6	80.0	19.0	37.1	145.2	114.5
中耕	17.7	44.5	17.8	33.7	106.4	57.2
轮作	21.4	79.0	19.7	37.8	154.4	128.1

（续）

处理	亩穗数（万）	株高（cm）	穗粒数（粒）	千粒重（g）	产量（kg/亩）	增产率（%）
连作	15.8	46.0	15.3	27.9	67.4	−0.4
30%覆盖	15.0	40.4	17.07	32.1	81.9	20.9
50%覆盖	19.3	37.9	17.1	30.9	101.9	50.5
70%覆盖	21.1	39.8	17.9	29.6	111.8	65.1
早播（10 d）	17.6	76.0	20.3	23.5	84	24.1
适播	19.9	56.8	18.9	19.2	72.2	6.6
晚播（10 d）	21.9	49.3	17.3	18.1	68.6	1.3
10 kg（大播量）	14.8	60.0	17.6	17.0	217.7	221.6
7.5 kg（适宜播量）	14.8	68.0	12.9	16.0	108.4	60.1
6 kg（小播量）	19.1	108	14.1	14.2	61.2	−9.6
苗期巨星+2,4-D丁酯	20.2	71.0	18.9	37.3	142.3	110.2
苗期伴地农+2,4-D丁酯	17.0	78.0	21.1	37.8	135.7	100.4
苗期2甲4氯+2,4-D丁酯	21.0	71.0	18.7	37.3	146.5	116.4
收后草甘膦+苗期巨星+2,4-D丁酯	18.8	78.0	20.2	36.7	139.3	105.8
收后草甘膦+苗期伴地农+2甲4氯	21.3	70.0	19.9	31.5	131.6	95.8
收后草甘膦+苗期2甲4氯+2,4-D丁酯	22.4	71.0	19.7	39.3	148.5	121.0
深松+苗期巨星+2,4-D丁酯	22.8	80.0	18.0	37.1	152.3	125.0
深松+苗期伴地农+2,4-D丁酯	28.0	78.0	16.6	29.7	138.1	104.0
深松+苗期2甲4氯+2,4-D丁酯	19.4	81.8	17.0	36.8	129.3	91.0
苗期中耕+苗期巨星+2,4-D丁酯	18.4	83.0	18.9	37.6	130.8	93.2
苗期中耕+苗期伴地农+2,4-D丁酯	25.3	58.0	19.9	31.5	158.6	134.3
苗期中耕+苗期2甲4氯+2,4-D丁酯	22.2	81.0	18.2	37.7	152.2	124.8
人工除草（传统）	24.4	47.0	18.5	30.6	138.1	105.5
综合除草	26.2	82.0	20.8	38.5	168.2	150.2

机械及化学除草表现了较好的增产效果，因此，应选择以农业轮作除草模式为基础，以机械除草、化学除草为主，以人工除草为辅，促进保护性耕作技术健康发展。

2. 不同处理对大豆植物学性状及产量的影响

不同处理对大豆植物学性状及产量的影响见表5-68。

表 5-68　保护性耕作大豆田杂草控制技术试验田测产考种汇总表

处　理	亩株数（万）	株高（cm）	株粒数（粒）	百粒重（g）	亩产量（kg/亩）	增产率（%）
对照	1.8	59.4	29.2	14.5	76.2	
草甘膦	1.7	63.4	39.9	16.0	108.5	42.4
精喹禾灵	1.7	63.0	35.5	16.0	96.6	26.8
高效盖草能	1.8	64.2	38.4	16.0	98.3	29.0
苯达松	1.8	62.5	37.0	16.0	106.6	39.9
乙草胺	1.8	63.2	36.1	16.0	102.4	34.3
噻吩磺隆	1.7	63.4	39.9	16.0	108.5	42.4
氟磺胺草醚	1.7	61.3	36.5	16.0	99.3	30.3
乙·噻·滴丁酯	1.8	69.4	45.3	17.0	137.7	80.7
乙·嗪·滴丁酯	1.8	68.6	44.5	17.0	136.4	77.6
扑·乙·滴丁酯	1.8	68.4	44.2	17.0	135.3	77.6
松·喹·氟磺胺	1.8	70.2	46.1	17.0	138.6	81.9
浅松	1.8	64.1	30.0	15.5	84.0	10.2
深松	1.8	63.3	32.8	15.5	91.5	20.0
中耕	1.83	65.5	32.57	16.0	95.5	25.0
人工除草	1.7	69.3	36.5	16.0	99.3	30.3
轮作	1.9	67.0	39.0	16.0	118.6	55.6
连作	1.9	65.0	36.0	15.0	102.6	34.6
30%	1.7	65.0	38.0	15.0	96.9	27.2
50%	1.7	64.2	40.5	15.0	103.3	35.6
70%	1.7	66.5	42.0	16.0	114.2	49.9
早播（4.26）	1.6	64.5	40.7	15.0	97.7	28.2
适播（5.6）	1.6	66.3	45.3	16.0	116.0	52.2
晚播（5.16）	1.6	62.2	37.4	15.0	89.8	17.8
4 kg	1.7	60.1	30.9	16.0	108.8	42.8
5 kg	1.8	61.5	29.0	15.5	107.9	41.6
6 kg	2.2	64.0	27.6	15.0	103.5	35.8
深松＋松·喹·氟磺胺	1.8	69.4	45.3	17.0	142.2	86.6
深松＋乙·噻·滴丁酯	1.8	68.6	44.5	17.0	141.4	85.6
深松＋扑·乙·滴丁酯	1.8	68.4	44.2	17.0	141.3	85.6
中耕＋松·喹·氟磺胺	1.8	70.2	46.1	17.0	143.6	88.5
中耕＋乙·噻·滴丁酯	1.8	68.4	44.2	17.0	142.3	86.7
中耕＋扑·乙·滴丁酯	1.8	70.2	46.1	17.0	142.6	87.1
综合除草	1.8	71.2	46.4	17.0	144.7	89.9

从表 5-68 中可以看出：①机械及化学除草表现了较好的增产效果；因此，应选择以农业轮作除草模式为基础，以机械除草、化学除草为主，以人工除草为辅，促进保护性耕作技术健康发展。

② 综合除草、“机械+化学”处理产量各不相同，各种除草方式相结合增产效果最好。原因：一是机械与化学组合除草效果较好，减少了杂草危害；二是机械浅旋、深松、中耕都有疏松土壤的作用，提高水分利用率。

3. 不同处理对玉米植物学性状及产量的影响

表 5-69　不同处理对玉米植物学性状及产量的影响

处理			株高（cm）	茎粗（cm）	穗长（cm）	穗粗（mm）	穗行数（行）	行粒数（粒）	千粒重（g）	收获穗数（穗/亩）	产量（kg/亩）
化学药剂除草	单因素	2,4-D丁酯	249.7	2.52	15.67	41.8	16	35	263.3	3 614	532.9
		2甲4氯	247.8	2.49	16.3	45.5	16	36	240.7	3 614	501.1
		玉农乐	252.4	2.53	17.8	50.7	15	38	272.0	3 614	560.3
		都尔	248.7	2.47	16.8	49.2	16	35	249.9	3 614	505.9
		莠去津	251.5	2.56	13.7	41.2	15	35	273.6	3 614	519.2
		乙草胺	253.4	2.54	16.3	48.8	15	36	282.5	3 614	551.3
		莠去津+玉农乐	256.7	2.58	16.0	48.2	16	33	276.8	3 614	560.4
	土壤处理+茎叶喷雾	（乙草胺+莠去津）+（玉农乐+2,4-D丁酯）	253.8	2.51	15.3	49.8	15	34	306.9	3 614	582.3
	多因素	玉农乐+莠去津	257.4	2.53	15.7	46.0	15	36	301.0	3 521	572.3
		玉农乐+2,4-D丁酯	257.8	2.57	16.2	45.0	15	35	312.7	3 521	578.1
		乙草胺+2,4-D丁酯	256.6	2.54	15.7	45.0	14	36	310.1	3 521	550.3
		2甲4氯+莠去津	256.9	2.58	15.7	46.3	15	36	273.8	3 521	520.5
		乙草胺+莠去津	256.4	2.53	15.0	44.3	14	37	311.0	3 521	567.3
机械除草		浅旋除草	247.7	2.38	18.0	52.0	15	35	242.5	3 614	460.1
		深松除草	251.5	2.43	17.0	48.5	15	35	254.0	3 614	495.6
		中耕除草	256.3	2.54	18.5	48.8	15	36	249.6	3 614	473.5
		浅旋+中耕+深松	258.6	2.56	18.0	50.0	15	37	309.2	3 505	601.5

（续）

处　理		株高（cm）	茎粗（cm）	穗长（cm）	穗粗（mm）	穗行数（行）	行粒数（粒）	千粒重（g）	收获穗数（穗/亩）	产量（kg/亩）
多因素除草	浅旋＋化学药物	258.4	2.53	18.0	49.0	15	37	315.2	3 505	613.2
	中耕＋化学药物	257.2	2.56	17.6	48.5	15	37	326.8	3 505	618.5
	深松＋化学药物	257.5	2.57	18.0	50.0	15	36	327.7	3 505	620.3
综合除草		259.7	2.66	17.6	49.0	15	36	329.7	3 505	624.0
人工除草		254.2	2.49	16.2	46.3	15	34	279.5	3 614	545.5
农业轮作		247.5	2.43	15.3	4.5	15	35	246.0	3 572	461.5
对照		243.8	2.4	16.3	48.8	14	31	275.0	3 521	420.3

从表5－69中可以看出：①机械及化学除草表现了较好的增产效果，因此，应选择以农业轮作除草模式为基础，以机械除草、化学除草为主，以人工除草为辅，促进保护性耕作技术健康发展。②综合除草、“机械＋化学”处理产量均高于其他处理，比对照亩增产193～204 kg。原因：一是机械与化学组合除草效果较好，减少了杂草危害；二是机械浅旋、深松、中耕都有疏松土壤的作用，提高水分利用率。③综合除草、“机械＋化学”处理玉米株高、茎粗也因除草效果好而分别高于其他处理2～12 cm和0.08～0.26 cm。

4. 不同处理对小麦植物学性状及产量的影响

表5－70　春小麦保护性耕作杂草控制技术试验田测产考种汇总表

处　理	亩穗数（万穗）	株高（cm）	穗粒数（粒）	千粒重（g）	实际产量（kg/亩）	增产率（%）	备　注
对照	22.5	76.0	16.5	36.2	134.5		
化学除草	22.2	86.0	18.2	37.7	152.3	13.3	2,4－D丁酯
机械除草	20.6	80.0	19.0	37.1	145.2	8.0	
人工除草	21.1	83.0	18.9	37.6	149.2	11.5	
轮作除草	21.4	79.0	19.7	37.8	154.4	18.6	
浅松＋中耕	8.7	38.0	16.6	29.8	40.9	88.6	
2,4－D丁酯＋中耕	5.6	26.9	15.5	28.8	23.7	9.2	

（续）

处　理	亩穗数（万穗）	株高（cm）	穗粒数（粒）	千粒重（g）	实际产量（kg/亩）	增产率（%）	备　注
2甲4氯＋中耕	4.2	35.7	13.0	29.7	15.4	28.9	
机械中耕	7.7	44.5	17.8	33.7	44.1	103.5	
ck1	6.0	38.8	13.5	28.0	21.7	0.0	
麦乐宁＋2甲4氯	5.5	33.3	15.3	29.5	23.7	0.0	
抑阔宁＋骠马	4.4	36.4	17.4	32.8	23.8	1.0	
ck2	5.3	38.5	15.5	29.8	23.7	0.0	
护麦＋阔莠克	9.4	40.8	17.0	25.8	45.3	157.8	
护麦＋骠马	4.7	38.1	21.3	29.8	28.3	61.1	
2,4-D丁酯＋骠马	5.0	40.4	17.1	32.1	25.7	46.5	
抑阔宁＋骠马	7.0	37.1	14.7	28.4	27.6	56.8	
ck3	4.5	30.9	15.7	26.0	17.6	0.0	

从表5-70中可以看出：

增产率最高的是护麦＋阔莠克区为157.8%，机械中耕除草区为103.5%；增产50%以上的有浅旋＋机械中耕区为88.6%，护麦＋骠马区为61.1%，抑阔宁＋骠马区为56.8%；增产35%以上的有护麦＋骠马区为35.7%，2,4-D丁酯＋骠马区为46.5%；造成减产28.9%的2甲4氯＋机械中耕区，其减产主要原因是该处理区处在一个披碱草盛发带中，所用2甲4氯以及机械中耕除草对披碱草群落防效甚微，故造成小麦缺苗断垄严重，生长受抑制而减产。

5. 不同处理对芥菜型油菜植物学性状及产量的影响

不同处理对芥菜型油菜植物学性状及产量的影响见表5-71。

从表中可以看出：机械及化学除草表现了较好的除草效果。因此，应选择以农业轮作除草模式为基础，以机械除草、化学除草为主，以人工除为辅，促进保护性耕作技术健康发展。

6. 不同处理对甘蓝型油菜植物学性状及产量的影响

不同处理对甘蓝型油菜植物学性状及产量的影响见表5-72。

从表5-72中可以看出：①机械及化学除草表现了较好的增产效果，

因此，应选择以农业轮作除草为基础，以机械除草、化学除草为主，以人工除草为辅，促进保护性耕作技术健康发展。②综合除草、“机械＋化学”处理产量各不相同，各种除草方式相结合增产效果最好。原因：一是机械与化学组合除草效果较好，减少了杂草危害；二是机械浅旋、深松、中耕都有疏松土壤的作用，提高了水分利用率。

表 5－71　不同处理对芥菜型油菜植物学性状及产量的影响

处理	每平方米株数（株）	亩株数（万株）	株高（cm）	株荚数（个）	荚粒数（粒）	千粒重（g）	理论产量（kg/亩）	说　明
A	61	4.1	58.0	25.7	11.2	2.32	27.4	
B	49	3.3	57.2	31.9	11.3	2.31	27.5	
C1	58	3.9	49.6	33.8	8.0	2.15	22.7	
C2	56	3.7	50.0	34.7	8.4	2.18	23.5	
D1	53.6	3.6	46.4	38.8	7.4	2.11	21.8	
D2	50.2	3.3	48.2	42.1	7.6	2.13	22.5	
E1	9.0	0.6	15.0				无	药害严重无收成
E2	7.0	0.5	12.0				无	同上
F1	12.0	0.8	15.5				无	同上
F2	10.0	0.7	13.6				无	同上
G1	15.2	1.0	14.6				无	同上
G2	10.4	0.7	12.8				无	同上
ck1	22.7	1.5	46.0	78.0	7.0	2.10	17.2	
H	49.8	3.3	56.0	33.2	10.4	2.30	26.2	
I	14.6	1.0	46.8					同上
J	7.7	0.5	48.5					同上
ck2	38.4	2.6	48.0	37.9	7.8	2.12	16.3	
K	50.8	3.4	59.5	37.7	8.4	2.23	24.0	
L	12.6	0.8	49.8					同上
M	10.2	0.7	65.4					同上
N	46.6	3.1	66.4	41.8	8.6	2.25	24.2	
O	13.2	0.9	20.0					同上
P	10.6	0.7	67.8					同上

（续）

处理	每平方米株数（株）	亩株数（万株）	株高（cm）	株荚数（个）	荚粒数（粒）	千粒重（g）	理论产量（kg/亩）	说 明
Q	63.4	4.2	68.9	25.0	12.6	2.46	32.6	
ck3	35.4	2.4	51.6	41.6	8.6	2.12	18.2	
传统田	48.6	3.2	50.1	38.8	8.2	2.22	21.6	

注：A：秋收后农伯乐除草＋播前氟乐灵处理土壤（10%农伯乐水剂 2 000 ml/亩＋20%2 甲 4 氯钠水剂 200 ml/亩；48%氟乐灵乳油 100 ml/亩）。B：秋收后农伯乐除草＋播前氟乐灵加扑草净灭草（10%农伯乐水剂 2 000 ml/亩＋20%2 甲 4 氯钠水剂 100 ml/亩；48%氟乐灵乳油 100 ml/亩＋50%扑草净可湿性粉剂 100 g/亩）。C：拿捕净（12.5%拿捕净乳油 80 ml/亩）。D：喹禾糠酯（10%喹禾糠酯乳油 100 ml/亩）。E：高特克（50%高特克乳油 20 ml/亩加增效剂）。F：油无草（20%油无草可湿性粉剂 10 g/亩加增效剂）。G：龙拳（75%龙拳可溶粒剂 7 g/亩、10 g/亩加增效剂）。H：轮作—播前农达除草—苗期中耕除草—蕾薹期拔大草（41%农达水剂 488 ml/亩）。I：轮作—播前农达除草—苗期精稳杀得＋龙拳除草（41%农达水剂 488 ml/亩，15%精稳杀得乳油 55 ml/亩，75%龙拳可溶粒剂 7 g/亩）。J：轮作—播前农达除草—苗期精喹禾灵＋高特克（41%农达水剂 488 ml/亩，5%精喹禾灵乳油 70 ml/亩，50%高特克乳油 22 ml/亩）。K：轮作—播前浅旋除草—苗期拿捕净＋龙拳（200Z4/8 A 型旋播机，12.5%拿捕净 90 ml/亩，75%龙拳可溶粒剂 8 g/亩）。L：轮作—播前浅旋除草—苗期精喹禾灵＋油无草除草（200Z4/8 A 型旋播机，5%精喹禾灵乳油 75 ml/亩，20%油无草可湿性粉剂 10 g/亩）。M：轮作—播前浅旋除草—苗期高效盖草能＋高特克除草（200Z4/8 A 型旋播机，10.8%高效盖草能乳油 45 ml/亩，50%高特克乳油 20 ml/亩）。N：轮作—播前浅松除草—苗期高效盖草能＋龙拳灭草（10.8%高效盖草能乳油 30 g/亩＋75%龙拳可溶粒剂 7 g/亩）。O：轮作—播前浅松除草—苗期精喹禾灵＋油无草灭草（5%精喹禾灵乳油 75 ml/亩＋20%油无草可湿性粉剂 15 g/亩）。P：轮作—播前浅松除草—苗期高效盖草能＋高特克灭草（10.8%高效盖草能乳油 45 g/亩＋50%高特克乳油 20 ml/亩）。Q：浅松＋人工除草。R：轮作。

表 5－72　甘蓝型油菜保护性耕作杂草控制技术试验田测产考种汇总表

序号	处　理	角果数（个）	千粒重（g）	小区产量（g/m²）	折合亩产（kg/亩）	亩产比对照	
						±kg	±%
1	播前喷草甘膦	36.4	3.1	58.5	39	+11	+39.3
2	播后出苗前 3 d 喷草甘膦	37.2	3.1	61.4	41	+13	+46.4
3	ck	28.5	2.7	42.0	28		
4	龙拳	25.4	2.8	39.0	26	−2	−7.1
5	高效盖草能	26.1	2.6	37.5	25	−3	−10.7

（续）

序号	处　理	角果数（个）	千粒重（g）	小区产量（g/m^2）	折合亩产（kg/亩）	亩产比对照	
						±kg	±%
6	高特克+精禾草克	37.8	3.1	64.5	43	+15	+53.4
7	高特克+精禾草克	36.9	3.1	63.0	42	+14	+50.0
8	高特克+高效盖草能	33.9	3.0	59.2	39.5	+11.5	+41.0
9	高特克+龙拳	27.0	2.6	33.7	22.5	−5.5	−19.6
10	高特克+龙拳+高效盖草能	27.2	2.6	36.0	24.0	−4.0	−14.3
11	油菜中耕除草	28.2	2.7	38.2	25.5	−2.5	−8.9
12	稆生油菜拔除机拔除田间稆生油菜	26.4	2.6	36.7	24.5	−3.5	−12.5
13	先用拔除机拔除稆生油菜后机械中耕	29.0	2.7	39.0	26.0	−2.0	−7.1
14	播前深松机械除草	8.7	2.2	11.2	7.5	−20.5	−73.2
15	播前浅松机械除草	8.6	2.2	12.7	8.5	−18.5	−69.6
16	人工锄草	38.3	3.7	63.0	42.0	+14.0	+50.0
17	深松+高特克+高盖	67.0	3.1	161.3	107.0	+9.0	+9.2
18	深松+高特克+龙拳	46.0	3.1	113.9	76.0	−22.0	−22.4
19	浅松+高特克+高盖	68.0	3.1	163.4	109.0	+11.0	+11.2
20	浅松+高特克+龙拳	47.0	3.1	116.9	78.0	−20.0	−20.4
21	中耕+高特克+高盖	68.0	3.1	169.4	113.0	+15.0	−15.3
22	中耕+高特克+龙拳	47.0	3.1	119.9	80.0	−18.0	−18.4
23	对照（ck）	56.0	3.1	146.9	98.0		
24	小麦茬播种油菜	56.0	3.1	143.9	96.0	−2.0	−2.0
25	30%秸秆覆盖度	68.0	3.1	163.4	109.0	+11.0	+11.2
26	50%秸秆覆盖度	65.0	3.1	157.4	105.0	+7.0	+7.1
27	70%秸秆覆盖度	62.0	3.1	149.9	100.0	+2.0	+2.0
28	常规播种	65.0	3.1	152.9	102.0	+4.0	+4.1
29	在常规播种基础上增加10%	63.0	3.1	146.9	98.0	0.0	0.0

（续）

序号	处　理	角果数（个）	千粒重（g）	小区产量（g/m²）	折合亩产（kg/亩）	亩产比对照	
						±kg	±%
30	在常规播种基础上增加20%	64.0	3.1	149.9	100.0	+2.0	+2.0
31	正常播期	64.0	3.1	143.9	96.0	−2.0	−2.0
32	较正常播期提前10 d	61.0	3.1	104.9	70.0	−28.0	−28.6
33	较正常播期延后10 d	59.0	3.0	119.9	80.0	−18.0	−18.4
34	轮作＋中耕＋化除＋机械拔除＋人工拔除	68.0	3.1	163.4	109.0	+11.0	+11.2
35	轮作＋化除＋中耕＋机械拔除＋人工拔除	69.0	3.1	166.4	111.0	+13.0	+13.3
36	轮作＋收获后喷草甘膦＋中耕＋机械拔除＋人工拔除	67.0	3.1	143.9	96.0	−2.0	−2.0
37	轮作＋播前喷草甘膦＋中耕＋机械拔除＋人工拔除	67.0	3.1	152.9	102.0	+4.0	+4.1
38	对照（ck）	56.0	3.1	146.9	98.0		
39	连作	31.0	3.1	62.9	42.0	−56.0	−57.1

（三）筛选出适合保护性耕作燕麦、大豆、玉米、小麦、油菜田间化学除草剂和植保机具

经过单因素试验和多因素试验，初步筛选出适合保护性耕作大豆、燕麦、玉米、小麦、油菜田间化学除草剂。

其中燕麦田，化学除草在收获后用草甘膦除草，苗期茎叶喷雾用巨星、伴地农（溴苯腈）、2,4－D丁酯、2甲4氯除草；机械除草深松、中耕除草；人工除草效果比较好，防除率均在80%以上；苗期巨星＋2,4－D丁酯、苗期伴地农＋2,4－D丁酯、苗期2甲4氯＋2,4－D丁酯、收后草甘膦＋苗期巨星＋2,4－D丁酯、收后草甘膦＋苗期伴地农＋2甲4氯、收后草甘膦＋苗期2甲4氯＋2,4－D丁酯；深松＋苗期巨星＋2,4－D丁酯、深松＋苗期伴地农＋2,4－D丁酯、深松＋苗期2甲4氯＋2,4－D丁酯、苗期中耕＋苗期巨星＋2,4－D丁酯、苗期中耕＋苗期伴地农＋2,4－

D丁酯、苗期中耕+苗期2甲4氯+2,4-D丁酯，株防除率均在90%以上。

大豆田，化学除草在收获后用草甘膦除草，播后苗前用乙·噻·滴丁酯、扑·乙·滴丁酯、乙·嗪·滴丁酯除草，苗期茎叶喷雾用松·喹·氟磺胺除草，杂草防除效果较好，防除率达90%以上。

玉米田，播前或播后苗前用草甘膦、乙草胺或乙草胺+莠去津进行封闭除草，杂草防除率均在85%以上；生长季采用玉农乐及相应配伍组合玉农乐+2,4-D丁酯等药剂进行茎叶喷雾除草，防除率达90%以上；收获后用草甘膦进行秋季灭草。

小麦田，播后苗前用草甘膦进行封闭除草，杂草防除率均在75%以上；生长季采用2,4-D丁酯、骠马、2甲4氯、护麦及相应配伍组合护麦+阔莠克、2,4-D丁酯+骠马、抑阔宁+骠马等药剂进行茎叶喷雾除草，防除率达90%以上；收获后用草甘膦进行秋季灭草。

芥菜型油菜田，化学除草播前用氟乐灵混土处理效果最好，苗期高效盖草能抑制禾本科杂草效果较好，在秋后农伯乐+2甲4氯钠、秋后农伯乐+2甲4氯钠+苗期高效盖草能，秋后农伯乐+2甲4氯钠+播前氟乐灵+扑草净，秋后采用农伯乐+苗期除草+2甲4氯钠+高效盖草能除草效果较好，株防除率均达85%以上。甘蓝型油菜田，生长季采用精喹禾灵、高效盖草能、龙拳等药剂进行茎叶喷雾除草，其中，50%高特克对藜的防除率达90%以上，龙拳对卷茎蓼、苣荬菜防效达90%以上，精喹禾灵及高效盖草能对禾本科杂草防效达95%以上，高特克+精禾草克、高特克+高效盖草能、高特克+精禾草克，防除率达90%以上；收获后用41%草甘膦进行秋季灭草，防除率达85%以上。

残留检测：经农业部农产品质量监督检验测试中心（北京）对喷施过化学药剂的玉米、小麦籽粒及其土壤进行检测，结果未检测出农药残留。

在以上化学除草的方法中，应以播前或播后苗前封闭除草和收获后灭草为主，生长季茎叶喷雾除草为辅，既可达到除草效果，又便于推广。

植保机械：武川县试验区化学除草植保机具选用了MIFB-18AC型喷雾喷粉机（山东临沂产），配套动力小四轮拖拉机；3WB-16型喷雾器（江苏产）。

科尔沁区试验区化学除草植保机具选用了3WS-1500型（通辽富华机械厂生产）、NS-16型（辽宁北镇生产）喷药机械。小麦化学除草植保机具选用了 MIFB-18AC 型（山东临沂生产）喷雾喷粉机、3WP-100 型（加拿大生产）喷药机。

呼伦贝尔市试验区化学除草植保机具选用了 3WP-100 型喷药机（江苏产）、S-12 型喷药机（巴西产）。

（四）保护性耕作田杂草环保型控制技术工艺

1. 燕麦田杂草环保型综合控制技术工艺

以轮作等农艺配套措施为基础，前茬作物秋收后草甘膦灭草—翌年春浅松除草＋播前化学封闭除草—免耕播种—燕麦孕穗期人工拔除大草—秋收后草甘膦灭草。

2. 大豆田杂草环保型综合控制技术工艺

以轮作等农艺配套措施为基础，前茬作物秋收后草甘膦灭草—翌年春免耕播种—机械中耕除草—结合人工拔除大草—秋收后草甘膦灭草。

3. 玉米田杂草环保型综合控制技术工艺

以轮作等农艺配套措施为基础，播前或播后苗前化学封闭除草—机械免耕播种—机械中耕除草—秋收后草甘膦灭草。

4. 小麦田杂草环保型综合控制技术工艺

以轮作等农艺配套措施为基础，前茬作物秋收后草甘膦灭草—翌年春免耕播种—小麦苗期化学灭草＋固定道机械中耕除草—小麦孕穗期人工拔除大草—秋收后草甘膦灭草。

5. 芥菜型油菜田杂草环保型综合控制技术工艺

以轮作等农艺配套措施为基础，前茬作物秋收后草甘膦灭草—翌年春浅松除草＋播前化学封闭除草—免耕播种—结合人工拔除大草—秋收后草甘膦灭草。

6. 甘蓝型油菜田杂草环保型综合控制技术工艺

以轮作等农艺配套措施为基础，播前草甘膦灭草—翌年春免耕播种—机械中耕除草—结合人工拔除大草—秋收后草甘膦灭草。

第六节　保护性耕作关键装备的选型与改进

针对不同作物与作业环节的保护性耕作机具不配套问题，在免耕播种、深松、杂草防除、中耕施肥等关键环节对保护性耕作机具进行选型与改进，通过田间试验和生产考核，分别选出了作业稳定、效率高、生产上适用的秸秆覆盖玉米、小麦、燕麦、芥菜型油菜、大豆、甘蓝型油菜田关键机具。

玉米田选出关键机具：1GQN-200S旋耕机（连云港旋耕机厂生产）、SGTNB-180Z4/8A8旋播机（西安旋播机厂生产）、2BG-6D型中耕机（通辽富华机械厂）、1SZF-3型深松中耕机（通辽光明机械厂）、3CCS-1.4型少耕除草机（商都牧机厂）、1SND-140型悬挂深松中耕机（河北保定机械厂）、MIFB-18AC型喷雾喷粉机（山东临沂生产）、3WB-16型喷雾器（江苏生产）、4YW-3型悬挂式玉米收获机（天津市富康农业开发公司）、Y210型自走式玉米收获机（黑龙江佳木斯生产）。

小麦、燕麦、芥菜型油菜田选出关键机具：2BMG型小麦免耕播种机（中国农业科学院）、苏式全方位浅（深）松机（俄罗斯产），小麦中耕机（呼伦贝尔哈达图农牧厂）、1US-5型全方位浅松机（内蒙古农业大学机械厂）、200Z4/8A8型旋播机（西安旋播机厂）、3ZF-1.2型多功能除草机（巴彦淖尔市磴口农机制造厂）、3CCS-3.1型少耕除草机（商都牧机厂）、3WP-100型喷药机（江苏产）、S-12型喷药机（巴西产）、4LZ-2.5E2小麦联合收割机（福田雷沃国际重工股份有限公司）。

大豆、甘蓝型油菜田选出关键机具：苏式全方位浅松机（俄罗斯产），2BMG型油菜免耕播种机（中国农科院）、油菜拔除机（哈达图农牧厂）、油菜中耕机（哈达图农牧厂），主机选用JDT-654拖拉机（天津拖拉机厂生产）、20马力小型拖拉机（石家庄拖拉机厂生产）。

同时，课题组根据需要，还进行了几种小型除草机具的改造，使之更适合于保护性耕作农田进行机械除草。

第七节　技术模式研究

一、小麦免耕留高茬轮作防风抗旱保苗保护性耕作技术模式

经过抗旱保苗试验研究，形成了小麦免耕留高茬轮作防风抗旱保苗保护性耕作技术模式如下：

作物秋冬季留高茬（小杂粮、油菜等≥15 cm、小麦≥25 cm、玉米≥

30 cm)—适年轮作—深松（隔 2～3 年）—春季免耕播种（施抗旱剂保苗)—病虫草综合控制—田间管理—秋季收获。

该技术模式可减少风蚀 37%，提高出苗率 10%，增产 7%左右。

二、小麦固定道保护性耕作技术模式

（一）固定道设置

相邻两个固定道之间的中心距离为 150 cm；固定道的宽度 30 cm，并且比种植带低 5 cm 左右；两个固定道之间的种植带种 6 行小麦，行距 20 cm。

由表 5-73 可知，不同种植方法法对穗粒数和产量影响较大，而对其他产量性状影响较小，但固定道免耕种植模式的各产量性状和产量均大于等行距免耕种植模式的。固定道种植模式的产量比等行距传统种植高出 4.6%。

表 5-73 不同种植方法对小麦平均产量性状和产量的影响

处 理	穗长（cm）	单株重（g）	单株穗重（g）	单株粒重（g）	穗粒数（粒）	千粒重（g）	产量（kg/亩）
固定道免耕种植	8.6	4.18	2.17	0.91	28.8	32.9	249
等行距免耕种植	8.3	3.68	1.79	0.79	24.7	31.2	238

（二）小麦固定道保护性耕作技术模式

经过小麦固定道试验研究，形成了小麦固定道保护性耕作技术模式如下：

作物秋冬季留高茬（小杂粮、油菜等≥15 cm、小麦≥25 cm、玉米≥30 cm)—适年轮作—深松（隔 2～3 年）—设置固定道（固定道的宽度 30 cm，并且比种植带低 5 cm 左右，两个固定道之间的种植带种 6 行小麦，行距 20 cm，相邻两个固定道之间的中心距离为 150 cm)—春季免耕播种—病虫草综合控制—田间管理—秋季收获。

该模式可使小麦增产 4.6%，地表径流少 70%，能耗降低，土壤团粒结构明显改善。

三、玉米宽窄行留高茬轮种保护性耕作技术模式

试验研究形成了玉米宽窄行留高茬轮种保护性耕作技术模式，具体模式如下：

作物秋冬季留高茬（小杂粮、油菜等≥15 cm、小麦≥25 cm、玉米≥30 cm）—适年轮作—深松（隔 2～3 年）—设置宽窄行（宽行 70 cm，窄行 30 cm）—春季免耕播种—病虫草综合控制—田间管理—秋季收获。

表 5-74　玉米宽窄行留高茬轮种对玉米产量和经济效益的影响

处　理	产量（kg/亩）	生产资料（元/亩）	用工成本（元/亩）	总收入（元/亩）	纯收入（元/亩）
宽窄行平作免耕（30 cm/70 cm）	788.5a	265	200	1 557.0b	1 112.0a
传统垄作（50 cm）	775.6b	265	260	1 551.2a	1 026.2a
等行距平作传统翻耕（50 cm）	755.7a	265	255	1 511.4b	991.4b

注：a、b 代表 $P<0.05$ 水平下显著。

从表 5-74 可知，不同种植方法对玉米产量和经济效益均存在不同程度的影响。不同种植方法的产量表现为宽窄行平作免耕＞传统垄作＞等行距平作传统翻耕，而传统垄作和宽窄行平作免耕的产量分别比等行距平作传统翻耕提高了 2.63%和 4.34%。不同种植方法的纯收入表现为宽窄行平作免耕＞传统垄作＞等行距平作传统翻耕，前两个处理较等行距平作传统翻耕处理的纯收入增加了 12.16%和 3.51%。

四、玉米垄作轮耕全程机械化保护性耕作技术模式

针对传统耕作能源消耗大、劳动力成本高与生产效率低等突出问题，试验开展了以少、免、松等轮耕措施为重点，结合免耕播种、中耕、施肥、除草、收获等环节全部采用机械化作业研究，形成了玉米垄作轮耕全程机械化保护性耕作技术模式，具体模式如下：

作物秋季（联合机收获机）收获留高茬（小杂粮、油菜等≥15 cm、小麦≥25 cm、玉米≥30 cm）—适年轮作—（深松机）深松（隔 2～3 年）—设置宽窄行（宽行 70 cm，窄行 30 cm）—春季（免耕播种机）免耕播种—

病虫草综合控制（中耕培土施药机）—田间管理—秋季（玉米收获机）收获。

玉米从播种到田间管理基本都已经实现机械化，全程机械化与非全程机械化的主要区别是收获时是否采用机械收获。

表 5-75 玉米机械收获与人工收获效益对比表

处 理	人工、机械投入（元/亩）	采收率（%）	工作效率（亩/d）	产量（kg/亩）	纯收入（元/亩）
玉米全程机械化	125	96	50.0	720	1 315
玉米人工收获	192	100	0.9	750	1 308

由表 5-75 可看出，机械化收获使每亩节约成本 67 元，玉米采收率降低了 4%，但却使工作效率提高 55 倍，每亩纯收入增加了 7 元。

第八节 创 新 点

（1）通过保护性耕作对作物生长发育规律及产量影响研究，免耕播种、深松常规播种、旋耕常规播种处理的玉米产量分别比传统翻耕提高了 107.8 kg/亩、124.7 kg/亩；免耕播种、深松常规播种、旋耕常规播种处理的纯收入分别比对照增加了 255.6 元/亩、249.8 元/亩和 19.6 元/亩；免耕播种和重耙常规播种两个处理较传统翻耕处理小麦产量提高了 22.94%和 17.22%，纯收入较传统翻耕处理的增加了 34.56%和 26.06%。

保护性耕作免耕处理对提升土壤肥力和改变土壤微环境具有较大影响，保护性耕作免耕处理的土壤理化性质及微生物量和微生物多样性明显优于传统耕作地，可提高土壤肥力，增加土壤微生物数量。因此，保护性耕作免耕处理可通过土壤自身肥力的恢复，进一步改善土壤微环境，减少化肥投入，避免面源生态污染，增强环境保护。

（2）通过保护性耕作作物水分运移规律、需肥规律及水肥调控技术研究，在年降水量为 380～420 mm 的棕壤土壤条件下，保护性耕作玉米田较适合的灌水量为 170～210 m^3/亩；保护性耕作玉米田较适合的施肥量为尿素 13.8 kg/亩、磷酸二铵 7.8 kg/亩、硫酸钾 6.8 kg/亩。在年降水量为 400～450 mm 的黑壤土壤条件下，保护性耕作小麦田较适合的灌水量在 90～120 m^3/亩；保护性耕作小麦田较适合的施肥量为尿素 5.0 kg/亩、磷酸二铵 5.0 kg/亩、硫酸钾 4.0 kg/亩。

（3）通过保护性耕作杂草发生与危害规律及杂草综合防控技术研究，形成保护性耕作杂草综合防控技术“以农业轮作农业措施为基础，机械、化学防除为主，人工除草为辅”，并筛选出了适合保护性耕作玉米、小麦田间杂草防除的工艺路线，杂草综合防除率达 94%以上。

（4）通过生产试验和田间考核，筛选出了适合秸秆覆盖玉米、小麦地关键机具各 10 种。

（5）通过保护性耕作免耕播种抗旱保苗技术研究，确定了玉米田补水点播 200 ml/穴的出苗率和产量较佳，其出苗率高达 94.7%，产量也达到了 786.7 kg/亩。小麦田 3 kg/亩的保水剂用量对出苗率和产量较好，其出苗率达到了 96%以上，产量为 257 kg/亩，比不用保水剂的产量增加了 17.9%；同时，形成了小麦免耕留高茬轮作防风抗旱保苗保护性耕作技术模式。该技术模式可减少风蚀 37%，提高出苗率 10%，增产 7%左右。

（6）通过小麦固定道保护性耕作技术研究，小麦固定道免耕种植模式优于免耕等行距种植模式，确定了小麦固定道保护性耕作技术指标：相邻两个固定道之间的中心距离为 150 cm；固定道的宽度 30 cm，并且比种植带低 5 cm 左右；两个固定道之间的种植带种 6 行小麦，行距 20 cm，并形成了小麦固定道保护性耕作技术模式。该模式可使小麦增产 4.6%，地表径流少 70%，能耗降低，土壤团粒结构明显改善。

（7）通过玉米宽窄行留高茬轮种保护性耕作技术研究，玉米宽窄行免耕种植模式优于传统垄作和等行距传统翻耕种植模式，确定了玉米宽窄行留高茬轮种技术指标宽行 70 cm，窄行 30 cm，并形成了玉米宽窄行留高茬轮种保护性耕作技术模式，本模式玉米产量达到 788.5 kg/亩，比等行距平作传统翻耕提高了 4.34%，纯收入增加了 12.16%。

（8）通过技术集成，形成玉米垄作轮耕全程机械化保护性耕作技术模式，并筛选出了玉米垄作轮耕全程机械化保护性耕作机具 10 种，每亩可节支 67 元，工作效率提高 55 倍以上。

第六章

效 益 分 析

第一节 经济效益

一、经济效益分析依据及计算方法

（一）经济效益分析依据

依据中国农业科学院《农业科技成果经济效益计算方法》。

（二）经济效益分析计算方法

新增利润（万元）＝当年推广面积（万亩）×平均每亩增产粮食（kg）×[3 年粮食平均价格（元/kg）－3 年粮食平均生产成本（元/kg）]

节支总额（万元）＝当年推广面积（万亩）×平均每亩节支（元/亩）

二、经济效益计算

推广面积：玉米示范推广 5 333.3 hm^2、小麦示范推广 4 000 hm^2、燕麦示范推广 2 666.7 hm^2、大豆示范推广 3 333.33 hm^2、芥菜型油菜示范推广 2 000 hm^2、甘蓝型油菜示范推广 4 000 hm^2。

三年平均每亩增产：玉米平均每亩增产 76 kg、小麦平均每亩增产 31 kg、燕麦平均每亩增产 63 kg、大豆平均每亩增产 61 kg、芥菜型油菜平均每亩增产 23 kg、甘蓝型油菜平均每亩增产 57 kg。

三年价格平均值：玉米 2.00 元/kg、小麦 2.10 元/kg、燕麦 2.60 元/kg、大豆 3.60 元/kg、芥菜型油菜 4.60 元/kg、甘蓝型油菜 4.60 元/kg。

三年平均生产成本：玉米每千克生产成本 0.85 元、小麦每千克生产成本 0.93 元、燕麦每千克生产成本 1.13 元、大豆每千克生产成本 0.75 元、芥菜型油菜每千克生产成本 1.23 元、甘蓝型油菜每千克生产成本

1.18 元。

三年平均每亩节支：玉米每亩节支 43 元、小麦每亩节支 32 元、燕麦每亩节支 22 元、大豆每亩节支 34 元、芥菜型油菜每亩节支 23 元、甘蓝型油菜每亩节支 26 元。

合计增收 3 558.68 万元：其中玉米 699.20 万元、小麦 217.62 万元、燕麦 370.44 万元、大豆 869.25 万元、芥菜型油菜 232.53 万元、甘蓝型油菜 1 169.64 万元。

合计节支 1 019 万元：其中玉米 344.00 万元、小麦 192.00 万元、燕麦 88.00 万元、大豆 170.00 万元、芥菜型油菜 69.00 万元、甘蓝型油菜 156.00 万元。

合计增收节支 4 577.68 万元。

第二节　生态效益和社会效益分析

该项技术的实施，极大地丰富了保护性耕作技术的内容，提高了保护性耕作技术水平，有效地解决了旱地农业中存在的干旱少雨、土壤贫瘠、旱灾频繁、水土流失严重及保护性耕作农田杂草危害日益严重等问题；有效减少了温室气体排放、减少地表径流量 50%～60%、平均减少风蚀 55%～63%、减少土壤流失 80%左右、增加土壤蓄水量 16%～19%、减少农田扬沙 70%；有效地改善了土壤结构状况，延缓了土地沙漠化速度，保护了生态环境。为农业增产、增效，农民增收和生态环境改善提供了技术支撑，有力地促进了内蒙古及生态条件相近省区保护性耕作技术的大面积推广，为内蒙古乃至我国土壤耕作制度的改革做出了重要贡献，使生态条件脆弱地区农牧业生产实现了良性循环，促进了农牧业可持续发展。

在内蒙古的干旱地区，特别是对农牧交错带来讲，生态效益要比经济效益更加重要，保护性耕作和退耕还林、退牧还草一道构成内蒙古生态建设的完整内容，成为实现农业可持续发展和改善生态环境的重要战略措施。该项技术的实施，降低了作业成本，提高了作物产量和效益，改善了生态环境，促进了耕地永续利用，保护性耕作制度成为我国能够选择的经济效益和生态效益双赢的先进耕作制度。保护性耕作的实施，将会对内蒙古自治区乃至我国农牧交错区农业可持续发展起到非常重要的作用，具有显著的社会效益。

附　录

附录一　生产模式

1　干旱半干旱风蚀区固土减蚀稳产增效生产模式

1.1　模式概述

阴山北麓农牧交错带属于干旱半干旱气候区，是连结我国东中部与西部和农区与牧区的纽带。长期不合理的超强度人为活动致使该区域生态系统出现了退化，风蚀沙化严重，严重威胁到当地经济发展与人类的生存，并影响到周边地区的环境状况与经济发展。这一地区的风蚀荒漠化势头如得不到遏制，荒漠化的威胁将进一步向南发展，北京和华北的春天就将很难消除黄尘，重见蓝天，由此带来的损失是不可估量的。由于过去几十年，人们的过度开发，掠夺式利用土地，加大化学肥料的投入，而缺乏有机肥、秸秆、绿肥等有机物料还田以及轮作休耕制度应用等养地护地培肥措施，致使该区农田风蚀沙化严重，土壤耕层变浅，地力下降严重，造成了该区主要种植的马铃薯、燕麦、小麦、油菜、向日葵等作物的产量不稳，甚至还出现逐年下降和绝收的现象。因此，本区防治风蚀荒漠化是实现当地可持续发展和建设我国北方生态防线的迫切需要。

在阴山北麓地区控制风蚀沙化和遏制荒漠化是一项巨大复杂的系统工程。除狠抓突破性的关键技术外，核心是建立一个农牧有机结合的良性循环生态系统，即建设基本农田，推广带状留茬间作轮作以阻风固土和聚雪保墒；建立饲经粮三元种植结构，为养而种，为牧而农。

经过本项目的多年研究，在明确该区域马铃薯（翻耕）-小麦、燕麦、大麦（免耕）-油菜（免耕）等主体轮作模式和耕作制度基础上，提出集成轮作、留茬覆盖、少耕带作、沃土耕层构建等关键技术与机具，创建风蚀区固土减蚀稳产增效技术模式。可减少风蚀40%～70%、水蚀60%以上，土壤有机质年均增加0.04%以上，增产8.2%以上。

1.2 适宜区域

本模式主要适用于西北、华北、东北“三北”风沙区与阴山北麓生态条件类似地区以及降水量在200～350 mm的种植区域的轻中度退化农田，尤其对于春季风沙大、旱情重、出苗难、保苗差、土壤瘠薄的地区，效果更加明显；对于土壤肥沃，产量高，但存在风蚀、水蚀、黑土流失和春旱较重的地区也有十分显著的效果。

1.3 技术路线

实施马铃薯（翻耕）-小麦、燕麦、大麦（免耕）-油菜（免耕）等主体轮作模式和耕作制度，即，在同一田块上有顺序地在年度间轮换种植不同作物或复种组合的种植方式，原则上，每隔3～4年实行倒茬轮作一个循环；推行留茬覆盖、少耕带作、耕层构建、机具选择、免少耕播种、杂草综合防治、秸秆留茬覆盖、深松浅翻、免少耕增渗减蚀等技术。播后及时进行药剂封闭除草，适时进行病虫害防治和化控作业。

1.4 技术要点

1.4.1 秸秆留茬覆盖

在作物收获后秸秆覆盖，覆盖率达到40%以上，留茬高度麦类为20～25 cm，杂粮、油菜为18～20 cm，实施作物秋季收获留高茬或低茬粉碎均匀覆盖，翌年春季免少耕播种。

1.4.2 少耕带作

对马铃薯等翻耕作物，实施少耕带作种植，翻耕带（马铃薯）和留茬带（条播作物）按6～10 m等带宽间隔排列，条播作物秋季收获留高茬，翌年春季免少耕或深浅翻整地播种，至作物成苗，土壤全裸露时间≤30 d。

1.4.3 耕层构建

实施以深松（≥35 cm）或浅旋（≤15 cm）及免少耕等交替耕作方式，具备条件的地块结合深翻、增施有机肥、秸秆还田、种植绿肥等，构建有效耕层深（30 cm以上）、土壤容重小、有机质含量高的土层结构。

1.4.4 高效施肥技术

在小麦田，改“重氮磷轻钾肥”为“稳氮磷增钾肥”，每公顷施 N 228～282 kg、P_2O_5 75～112 kg、K_2O 37.5～75 kg，磷、钾肥一次性底施，氮肥以底肥、拔节肥平分施用。

在马铃薯田，改“重氮磷轻钾肥”为“控氮磷增钾肥”，播前每公顷施用专用复合肥（总养分≥30%）600～750 kg 做基肥，生长期追施 N 150 kg/hm^2、K_2O 150 kg/hm^2，苗期 10%、现蕾至花期 60%、块茎膨大期 30%分次施用。

1.4.5 免少耕增渗减蚀

针对雨养退化农田，降水集中在 7—8 月（占 70%左右），水分蒸发量大，水土流失严重的现状，以作物群体结构和产量构成效应最优、水分生产效率最高为目标，实施秋季留茬覆盖（覆盖率≥30%），适年深松（2～3 年一次，35 cm 以上），春季实施免少耕播种，采用具备防堵和施肥功能的免耕播种机进行作业，播种、施肥、镇压等工序一次性完成，减少土壤裸露，增加雨水入渗率，径流减少 60%以上，田间蓄水量增加 9.2%～25.3%，自然降水利用率提高 20%以上。

1.4.6 杂草及病虫害综合防治

以轮作等农业措施为基础，结合苗期化学除草或机械中耕除草，中期人工拔大草，收获后化学除草等不同时期除草措施相结合，用以防除保护性耕作田杂草。

在小麦（大麦）田杂草防除参照 GB/T 17980.41 的要求执行，油菜田杂草防除参照 GB/T 17980.45 的要求执行，燕麦田杂草防除参照 DB15/T 583 的要求执行，马铃薯杂草防除按照 GB/T 31753 的要求执行。

本地区常见的马铃薯病害有晚疫病、早疫病、黑痣病、环腐病、黑胫病等，发病前重点做好监测和预防，适时喷施丙森锌、代森锰锌等保护性药剂，发病初期可混合喷施保护性药剂和治疗性药剂及时进行防治。主要虫害有地老虎、芫菁、草地螟、蚜虫等，应在防治关键时期及时施药防治。

同种病虫害需要多次施药防治时，应交替使用不同药剂。施药作业要求雾化良好、喷雾均匀，避免重喷、漏喷。施药机械首选喷杆式喷雾机，机械进地作业困难时可使用无人机施药。

1.5　机具配套

研制和推广适合本模式农艺要求的深松犁、翻转铧式犁、旋耕机以及2BS－12型、2BM－10型、2BM－20型小麦、玉米、杂粮等退化农田免少耕精量播种系列机具。推广加深耕层而翻土少的深松犁铲，防壅土防堵塞窄开沟、防滑驱动、耕播、镇压联合多功能播种机等关键技术及装置，播深合格率＞85.0%，排种量一致性变异系数＜2.8%，稳定性变异系数＜7.0%。实现以农田保育为核心的免少耕精量播种。

以经营规模100 hm^2 为例推荐机具配套方案（附表1）。

附表1　全程机械化生产机具配套方案

机具名称	用　途	技术参数或特征	数量（台）	备　注
拖拉机	牵引秋季深松机或4铧翻转犁、旋耕机秸秆还田	120 hp以上	1	四驱
	牵引小麦-杂粮联合多功能播种机	50 hp以上	2	四驱
深松机	秋季深松作业	4铲、240 cm幅宽以上	1	翼铲式带碎土-镇压装置
	苗期深松间苗追肥作业	2铲、100 cm以上耕幅	2	
播种机	小麦、玉米、杂粮等退化农田多功能免少耕精量播种机	10～12行牵引式	2	带有防壅土防堵塞窄开沟、防滑驱动
植保机械	喷施除草药剂	6 m以上喷幅	1	悬挂或自走式
	喷施化学农药	高地隙，400 cm以上喷幅	1	高架自走式
收获机	麦-豆联合收获机 马铃薯挖掘收获机	自走式4行以上 双行	1	自走式联合收获

1.6　应用提示

（1）积温少、地温低、水分大、光照差、降水多的地区不适于本技术的应用，特别是山区半山区的河套地、低洼易涝地应谨慎应用；在风蚀沙化严重地区，应控制耕作，依据生态恢复与重建的区域性和阶段性特点，鼓励农民种草。该区域的防风蚀种植模式应以粮草带状间作为主，配合发展舍饲养畜的阶段性农牧结合方式，作为现阶段生态恢复与重建的过渡模式。

（2）采用本技术的头一两年，耕地因受多年形成的原始条件遗留影响，加之覆盖免耕地温较传统方式略低，可能出现出苗略晚、产量微降或持平现象。随着应用年份的增加，地力的改善和保墒效果的显现，持续稳定增产和可以减少施肥量的作用会越发明显。

（3）本技术以保护土地、防止表土流失、培肥地力、抗旱保墒、实现绿色农业生产为核心宗旨，故不主张频繁深翻作业。确因连年以松代翻（旋）导致地表秸秆量多而大、无法正常免耕播种作业时，则至少间隔2～3年深翻一次。

2　半干旱风蚀区增碳节水丰产高效生产模式

2.1　模式概述

西辽河流域土地肥沃，素有“北方粮仓”之称。在过去的几十年，由于人们掠夺式利用土地，加大化学肥料的投入，而缺乏有机肥、秸秆、绿肥等有机物料还田，加之风蚀和不合理的耕作，使土壤耕层变浅、有机质减少，地力逐年下降。因此，提高土壤的抗风蚀能力，增加土壤有机质含量，是本区生态治理和农业发展的根本大计。本项目多年来的深入调查和研究结果表明，增加地表覆盖、播种时减少对土壤的扰动、推行秸秆还田、增施有机肥料、实施粮豆或粮经草轮作等农业保护性耕作技术，是本区防治耕地质量下降最直接有效的措施。

土壤生态系统是极其复杂的，土壤有机质和水分中任何一方面发生改变都会对土壤的其他性质产生重大影响。在不同的耕作方式下土壤有机碳和土壤水分通常会有很大的变化，尤其是在生态脆弱的北方旱区，必须综合考虑土壤水分和土壤有机碳的相互作用，采取有效措施，减少风力的侵蚀，增加土壤中的有机碳，达到节水丰产高效的目的。因此，在明确本区玉米（深翻秸秆还田）-杂粮杂豆（少耕）等主体轮作模式和耕作制度的基础上，集成秸秆还田培肥、水肥高效利用、杂草综合防治等关键技术与机具，创建增碳节水丰产高效技术模式。实践验证，实施本模式可使土壤有机质年均增加0.06%以上，肥料利用率提高10.2%以上，增产14.1%以上。

2.2　适宜区域

本模式主要适用于“三北”风沙区中与西辽河流域生态条件类似地区的风蚀相对较轻的轻中度退化农田，适宜活动积温在2 300～3 500 ℃、光照2 600～3 000 h，降雨量在350～500 mm的区域。该区域生态类型多样，积温跨度较大，因此在玉米品种选择时需根据地区气候特点选择熟期适宜玉米品种。如果秸秆连年还田造成秸秆腐烂少，堆积量大，可在适当年限进行秸秆回收打捆，以减少由于秸秆还田量过大造成的出苗难、保苗差等问题。

本技术以平作最为理想，对于习惯于垄作的地区，可通过玉米大垄双行、大豆垄上三行等种植方式来实现玉米-杂粮杂豆轮作，更易于用户逐步接受和认可。

2.3 技术路线

第一年大豆或杂粮杂豆收获（留高茬，将秸秆粉碎后均匀覆盖于地表），翌年春季免耕播种玉米（地表平整度较差时可先进行浅旋，深度5～8 cm，播种后及时进行土壤封闭除草）—机械植保（防治生长期病虫草害）—机械中耕施肥（拔节期前后）—玉米机械化收获—秸秆粉碎深翻还田—翌年春天播种玉米或大豆（附图1）。

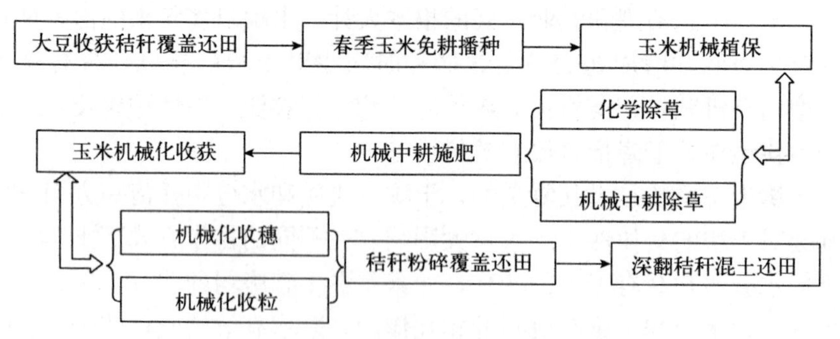

附图1 半干旱风蚀区增碳节水丰产高效生产模式技术路线

2.4 技术要点

2.4.1 作物秸秆留茬覆盖

在前茬大豆收获时，将大豆秸秆粉碎并均匀覆盖在地表，大豆留茬高度6～8 cm，秸秆粉碎长度在5 cm以下。

前茬玉米收获后秸秆粉碎还田，秸秆粉碎长度小于10 cm，然后用铧式犁翻耕，翻耕深度30 cm以上，将秸秆全部翻埋入土。

2.4.2 播前整地

在春季播种前1～2 d进行浅旋整地，旋耕深度为5～8 cm，旋耕1～2遍或者重耙1～2遍，保证土地平整。播种层土壤应达到地平、土碎、墒足、残茬杂物均匀混合、上虚下实的种床结构。

2.4.3 水肥高效利用

2.4.3.1 减蒸增渗水分高效利用技术

秋季留茬覆盖（覆盖率≥30%），适年深松（2～3年一次，35 cm以上)，春季实施免少耕播种、施肥、镇压等工序一次性完成，减少土壤裸露，增加雨水入渗率，减少径流，增加田间蓄水量，提高自然降水利用率。

2.4.3.2　调盈控灌节水技术

具备灌溉条件的地块，玉米全生育期由 4～6 水减为 2～3 水，即底墒、穗期各 1 水，或旱年乳熟期加灌 1 水，节水 561～1 818 m^3/hm^2。

2.4.3.3　玉米稳氮补磷增钾配微高效施肥技术

玉米田目标产量 12 000 kg/hm^2 以上，适宜的氮磷钾比例为 2.7：1：2；改“重氮轻磷无钾”为“稳氮补磷增钾配微”，每公顷施 N 203～284 kg、P_2O_5 75～105 kg、K_2O 75～150 kg，锌、锰、硼各 15～24 kg，氮肥以种肥 30%、穗肥 60%、花粒肥 10%分次施用。

2.4.4　机械深松

在明确主要作物发展优先序和主体轮作模式基础上，确定翻耕—免耕—深松—旋耕的技术优先序和土壤轮耕技术体系。杂粮杂豆收获后秸秆全量还田，不进行翻耕，翌年免耕播种玉米。地块每 2～3 年深松或深松浅翻一次，深松深度为 35～40 cm，浅翻深度为 10 ～15 cm，深松机技术要求和作业质量应符合 GB/T 24675.2 的要求。

2.4.5　免耕播种

玉米播种时间、播种深度、播种密度等指标符合 GB/T 34379—2017 的要求。杂粮杂豆播种质量符合 NY/T 739—2003 的要求。播种后要根据土壤墒情进行镇压，土壤干燥时将镇压力调大，土壤湿润时将镇压力调小，确保苗带压实，防止跑墒。

种植密度要根据当地地力和所应用的品种而定。一般选用适应性强耐密高产品种。

2.4.6　杂草及病虫害综合防治

以轮作等农业措施为基础，结合苗期化学除草或机械中耕除草，中期人工拔大草，收获后化学除草等不同时期的除草措施，用以防除田间杂草。

玉米生长期内做好蚜虫、玉米螟、黏虫、大斑病、小斑病等病虫害的监测与防治。病虫害防治用自走式高地隙喷杆喷雾机施药，机械进地困难时可用无人植保机进行喷施，要施药均匀，确保施药效果。为防止覆盖免耕播种后引发的病虫草害问题，在播后苗前及时喷施高效除草药剂进行土壤封闭处理；对少量未封闭住的杂草可在苗后3～4片叶时进行苗后除草。

2.4.7 机械收获

2.4.7.1 果穗收获

当玉米生理成熟后，籽粒含水率低于35%时即可进行收获作业。收获作业须选择适宜当地条件、作业稳定可靠的4行及以上自走式玉米果穗联合收获机，以确保收获质量、效率和秸秆处理效果。

2.4.7.2 籽粒收获

具备烘干、贮藏、加工或直接销售条件的用户，可进行玉米籽粒收获作业。籽粒收获时间晚于果穗收获作业时间，掌握在玉米生理成熟后2～4周进行，籽粒含水率≤27%时进行作业，确保籽粒破碎率≤5.0%、籽粒损失率≤2.0%、果穗损失率≤3.0%、籽粒含杂率≤3.0%的收获效果。

2.5 机具配套

研制和推广适合本模式农艺要求的深松犁、翻转铧式犁、旋耕机以及2BS-12型、2BM-10型、2BM-20型小麦、玉米、杂粮等退化农田免少耕精量播种系列机具。推广加深耕层而翻土少的深松犁铲，防缠土防堵塞窄开沟、防滑驱动、耕播镇压等联合多功能播种等关键技术及装置，播深合格率>85.0%，排种量一致性变异系数<2.8%，稳定性变异系数<7.0%。实现以农田保育为核心的免少耕精量播种。

以经营规模1 000亩耕地为例，可参照此配套方案准备相关机具设备（附表2）。

附表2 全程机械化生产机具配套方案

机具名称	技术参数与特征	数量（台）	备 注
动力机械	90～150马力拖拉机	2	为以下作业配套
旋耕整地机	作业幅宽2 m以上	1	配套120马力以上拖拉机
圆盘重耙		1	配套120马力以上拖拉机
玉米精量免耕播种机	4行或6行	2	配套90马力以上拖拉机
植保机械	衍架式喷雾机（作业幅宽≥16 m）	1	配套90马力以上拖拉机
中耕机械	双行或4行中耕施肥除草联合机具	1	配套90马力以上拖拉机
玉米收获机	4～6行	1～2	
玉米秸秆粉碎还田机	作业宽幅3.5 m以上	1	配套120马力以上拖拉机
深翻旋转犁	5铧犁	1	配套120马力以上拖拉机

2.6 应用提示

（1）玉米秸秆量大，还田困难，因此，玉米秸秆还田时一定要保证还田质量，秸秆切碎长度、切碎均匀度和深翻深度符合要求。深翻还田混土后要及时耙磨平整土地，减少水分蒸发，保证土地平整，为下年播种创造良好的条件。

（2）春季播种时采用免耕或浅旋后免耕播种，播种时应先播坡耕地、后播低洼耕地。播种后如遇持续无雨影响出苗的特殊干旱情况下，有灌溉条件的可采用播种带喷淋补水的方式进行人工补墒，不应采用“大水漫灌”的方式进行补墒。

（3）本模式应用过程中增加了秸秆还田的作业费用，但连续应用2～3个周期后具有显著的提高农田肥力、平衡土壤养分的效果，可减少化肥投入，使作物产量保持较高水平。

3 半湿润水蚀区保土增碳丰产高效生产模式

3.1 模式概述

大兴安岭沿麓的黑土地多位于半湿润水力侵蚀区，是我国旱作春小麦、大麦、油菜和马铃薯的主要种植区，土壤水蚀风蚀及不合理的耕作方式，导致耕地质量下降，耕层变浅，地力降低，土壤通透性变差。

多年的研究表明，减少水土流失、增加土壤有机质是该区域农田实现作物丰产、提高种植效益的有效措施。具体技术主要包括耕地休耕、少免耕、作物合理轮作、秸秆覆盖还田等。基此，在明确小麦或大麦（免少耕)-油菜（免耕）或马铃薯（翻耕）等主体轮作模式和耕作制度的基础上，集成轮作休耕、秸秆留茬覆盖、合理耕层构建、免少耕增渗减蚀、杂草综合防治等关键技术与机具，创建保土增碳丰产高效技术模式，可有效减少土壤水蚀70%以上、风蚀50%以上，水分利用率提高20%～32%，作物增产7.0%～25%。

3.2 适宜区域

本模式适用于东北及内蒙古黑土区中与大兴安岭沿麓生态条件类似地区的轻中度退化农田。尤其对于春季风沙大、旱情重、出苗难、保苗差、土壤瘠薄的地区，效果更加明显；对于土壤肥沃，产量高，但存在水土流失和春旱较重的地区也有十分显著的效果。

3.3 技术路线

实施小麦或大麦（免少耕)-油菜（免耕）或马铃薯（翻耕）等主体轮作模式和免少耕耕作制度。即在同一田块上有顺序地合理轮换种植不同作物，原则上每隔3～4年实行一个轮作循环，有条件的地区在轮作循环中进行一年休耕。

3.4 技术要点

3.4.1 轮作休耕

推行小麦、大麦（免少耕)-油菜（免耕）或马铃薯（翻耕）等主体轮作模式和免少耕耕作制度，有条件的地区隔 3～4 年休耕一年。

3.4.2 秸秆留茬覆盖

改变传统保护性耕作以增产为主要目标的秸秆留茬覆盖指标，增加地表秸秆覆盖量，减少水土流失，确立了作物秸秆覆盖率 40%以上，留茬高度麦类 20～25 cm、杂粮油菜 18～20 cm 的技术指标。作物秋季收获留高茬或低茬粉碎均匀覆盖，翌年春季免少耕播种，可减少水蚀 60%～80%、风蚀 38.7%～72.0%；马铃薯等翻耕作物，实施少耕带作种植，翻耕带（马铃薯）和留茬带（条播作物）按 6～10 m 等带宽间隔排列，条播作物秋季收获留高茬，翌年春季免少耕或深浅翻整地播种，至作物成苗土壤全裸露时间≤30 d，减少农田裸露面积 50%以上，减少风蚀 26.0%～53.0%，雨雪蓄积量提高 15.6%～31.5%。

3.4.3 深松浅翻

实施以深（35～40 cm）翻或浅（10～15 cm）翻、深松（≥35 cm）或浅旋（≤15 cm）及免少耕等交替耕作方式，结合秸秆还田增碳、绿肥增氮、增施有机肥等，构建有效耕层深（30 cm 以上）、土壤容重小（1.2～1.3 g/cm^3）、有机质含量高（2.0%～4.0%）的土层结构。

3.4.4 免少耕增渗减蚀

针对该区域降水集中在 7—8 月（占 70%左右），水分蒸发量大，水土流失严重的现状，以作物群体结构和产量构成效应最优、水分生产率最高为目标，实施秋季留茬覆盖（覆盖率≥30%），适年深松（2～3 年一次，深度 35 cm 以上），春季免少耕播种、施肥、镇压等工序一次性完成，减少土壤裸露，增加雨水入渗率，径流减少 60%以上，田间蓄水量增加 9.2%～25.3%，自然降水利用率提高 20%以上。

3.4.5 杂草及病虫害综合防治

以轮作等农业措施为基础，结合苗期化学除草或机械中耕除草、中期人工拔大草、收获后化学除草等不同时期的除草措施，防除保护性耕作田杂草。

在病虫害发生初期的关键防治时期及时进行防治。

3.5 机具配套

以经营规模 1 000 亩耕地为例进行机具配套（附表 3）。

附表3 全程机械化生产机具配套方案

机具名称	用 途	技术参数或特征	数量（台）	备 注
拖拉机	牵引秋季深松机	120 hp以上	1	四驱
	牵引播种或苗期深松机	50 hp以上	2	四驱
拌种机	种子包衣	日拌种量5 t以上	1	自动搅拌式
深松机	秋季深松作业	4铲、240 cm幅宽以上	1	曲面铲或翼铲式带碎土装置
	苗期深松追肥作业	2铲、100 cm以上耕幅	2	
免耕播种机	小麦、油菜等免耕精量播种	10行以上	2	或1台4行
植保机械	喷施除草剂	6 m以上喷幅	1	悬挂或自走式
	喷施杀虫杀菌剂和叶面肥	高地隙，12 m以上喷幅	1	高架自走式
联合收获机	麦类、油菜等收获		1	自走式联合收获
干燥机		日烘干量200 t	1	连续式

3.6 应用提示

（1）进行免耕播种时需根据不同区域农田土壤墒情条件适时播种，以保证出苗质量。

（2）秸秆还田时要保证秸秆平铺均匀，留茬高度不宜过高，一般留茬高度为10～30 cm，以防止翌年播种时拥堵，影响播种质量。

（3）春季免耕播种时应先播坡耕地、后播低洼耕地。

（4）本模式为了减少水土流失、抗旱保苗，不采用频繁深翻作业，以隔年深松来保证耕层深度。如果因连年以松代翻（旋）导致地表秸秆量大而无法正常进行免耕播种作业时，则至少间隔5年深翻一次。

附录二　技术规程

1　春小麦保护性耕作节水丰产栽培技术规程（DB15/T 1182—2017）

1.1　范围

本标准规定了春小麦保护性耕作节水丰产栽培的表土处理、种子选用、播种机具选择与调试、免耕播种、施肥、病虫草害防治、收获、深松等技术规范。

本标准适用于大兴安岭西麓和阴山北麓春小麦保护性耕作农田，其他生态类似区域可参照执行。

1.2　规范性引用文件

下列文件对于本文件的应用是必不可少的。凡是注日期的引用文件，仅注日期的版本适用于本文件。凡是不注日期的引用文件，其最新版本（包括所有的修改单）适用于本文件。

GB 4285　农药安全使用标准

GB 4404.1　粮食作物种子　第1部分：禾谷类

GB 16151.12　农业机械运行安全技术条件　第12部分：谷物联合收割机

GB/T 8321　农药合理使用准则

GB/T 20865　免耕施肥播种机

GB/T 24675.2　保护性耕作机械　深松机

NY/T 496　肥料合理使用准则　通则

NY/T 995　谷物（小麦）联合收获机械　作业质量

NY/T 2845　深松机　作业质量

1.3　术语和定义

下列术语和定义适用于本文件。

1.3.1 地表处理

在播前通过浅耙等作业，以平整地块和调整秸秆覆盖率，使农田状态达到播种要求的一种田间整理技术。

1.3.2 免耕播种

作物播前不采用翻耕等动土量大的耕作方式，直接在秸秆覆盖地上播种。

1.3.3 深松

以打破犁底层为目的，通过拖拉机牵引松土机械，在不打乱原有土层结构的情况下松动土壤的一种机械化整地技术。

1.4 表土处理

免耕播种春小麦的地块要求地表秸秆覆盖均匀，地面基本平整。地表不平、覆盖严重不匀或秸秆量过大影响播种时，可选择使用秸秆粉碎抛撒机、圆盘耙、旋耕机等机具进行表土处理，通过秸秆粉碎抛撒、耙平、浅旋达到秸秆分布均匀、地面基本平整。

1.5 种子选用

选择符合当地生产条件、地力基础、灌溉条件的抗逆性强、适应性广、分蘖力强、成穗率高、丰产稳产的小麦品种。小麦种子质量应符合GB 4404.1的规定。

1.6 播种机具选择与调整

1.6.1 机具选择

免耕播种机应选择切茬能力强，作业无堵塞，播种质量好，满足施肥要求，且能够一次完成切碎秸秆、破茬开沟、播种、施肥、覆土、镇压等多道工序的作业机具。机具标准可参照GB/T 20865的要求。

1.6.2 机具调试

作业前必须按要求正确调试播种机，并通过试播，确认调试到位，播种量、施肥量、播深、肥深、行距、镇压力等符合要求，才能进行正式作业。

1.7 免耕播种

1.7.1 播种时期

小麦最佳播期以日平均气温稳定通过5℃，地温稳定通过3℃，表层解冻 5～6 cm 时即可播种。

1.7.2　播种量

播量依据品种性状、土壤与气候条件和产量要求具体确定。阴山北麓的播量一般为 10～15 kg/亩，大兴安岭西麓播量一般为 18～21 kg/亩。

1.7.3　播种深度

播种深度应控制在 3～5 cm。种子一定要播到湿土上，各行播深要一致，并达到落籽均匀。

1.7.4　行距

行距 15～25 cm。

1.7.5　镇压

免耕播种机播种小麦时必须带镇压装置，并正确调整镇压轮压力。土壤干燥时可将镇压力调大，压碎土块、压实苗床，防止跑墒；土壤湿润时可将镇压力调小，确保镇压良好。要及时清理镇压轮粘土缠草，有刮土装置的要调试好刮土装置间隙。

1.8　施肥

1.8.1　基肥

大兴安岭西麓：磷酸二铵 12～13 kg/亩，尿素 2.5～3 kg/亩，硫酸钾 2～3 kg/亩。

阴山北麓：磷酸二铵 10～15 kg/亩，尿素 2～3 kg/亩，硫酸钾 2～4 kg/亩。

正位深施种子正下方 3～5 cm，施肥深度一致。

1.8.2　叶面肥

灌浆期可叶面喷施 0.2%～0.3%磷酸二氢钾水溶液，肥料使用可参照 NY/T 496 的规定执行。

1.9　病虫草害防治

1.9.1　杂草防治

一般在春小麦苗期进行茎叶处理，小麦 3～4 叶、一年生杂草 3～5 叶期施药。防除禾本科杂草可选用 15%炔草酯可湿性粉剂，制剂用药量 20～30 g/亩；防除一年生阔叶杂草可选用 80%溴苯腈可溶粉剂，制剂用药量30～40 g/亩茎叶喷雾。药剂的使用方法与安全可参照GB/T 8321与GB 4285的规定执行。

1.9.2 病虫害防治

小麦种子应进行包衣或拌种，防治全蚀病可选用3%苯醚甲环唑悬浮种衣剂，制剂用药量药种比1∶(167～200)；防治根腐病、黑穗病可选用15%多福悬浮种衣剂，制剂用药量1∶60～1∶80（药种比）；防治蚜虫可选用600 g/L吡虫啉悬浮种衣剂，制剂用药量2～6 ml/kg种子。在小麦生长期，防治金针虫、蛴螬、蝼蛄可选用20%毒死蜱微囊悬浮剂，制剂用药量550～650 g/亩灌根；防治蚜虫可选用21%噻虫嗪悬浮剂，制剂用药量5～10 ml/亩；防治红蜘蛛可选用5%阿维菌素悬浮剂，制剂用药量4～8 ml/亩；防治锈病、白粉病、根腐病可选用250 g/L丙环唑乳油，制剂用药量33～37 ml/亩；防治白粉病可选用25%戊唑醇可湿性粉剂，制剂用药量28～32 g/亩；防治赤霉病可选用50%多菌灵可湿性粉剂，制剂用药量100～150 g/亩喷雾。药剂的使用方法与安全可参照GB/T 8321与GB 4285的规定执行。

1.10 收获

1.10.1 适时收获

人工或割晒机割晒应在小麦植株旗叶变黄，其他茎生叶干枯，籽粒腊熟中后期；联合收割机直接收获应在籽粒的完熟初期。

1.10.2 收获技术要求

收获时留茬高度为20 cm左右，要求无漏割，无散落穗。割晒机割晒放铺要均匀整齐。

联合收割机收获时，一般总损失率控制在2%之内，破碎率不超过1%。联合收割机进行秸秆粉碎抛撒时，要抛撒均匀，不影响下年播种。收获质量应符合NY/T 995的要求，联合收获机运行安全应符合GB 16151.12的要求。

1.11 深松

深松应在土壤相对含水量70%～75%的条件下进行；保护性耕作地一般2～4年深松一次。深松机应符合GB/T 24675.2的要求，作业质量应符合NY/T 2845的要求。

2　内蒙古东部玉米保护性耕作节水丰产栽培技术规程（DB15/T 1181—2017）

2.1　范围

本标准规定了内蒙古东部玉米保护性耕作节水丰产栽培的表土处理、种子选用、播种机具选择与调试、免耕播种、施肥、灌水、病虫草害防治、收获、深松等技术规范。

本标准适用于内蒙古赤峰市、通辽市以及兴安盟等地玉米保护性耕作农田，其他类似生态区亦可参照执行。

2.2　规范性引用文件

下列文件对于本文件的应用是必不可少的。凡是注日期的引用文件，仅注日期的版本适用于本文件。凡是不注日期的引用文件，其最新版本（包括所有的修改单）适用于本文件。

GB 4285　农药安全使用标准

GB 4404.1　粮食作物种子　第1部分：禾谷类

GB 16151.12　农业机械运行安全技术条件　第12部分：谷物联合收割机

GB/T 8321　农药合理使用准则

GB/T 20865　免耕施肥播种机

GB/T 24675.2　保护性耕作机械　深松机

NY/T 496　肥料合理使用准则　通则

NY/T 2845　深松机　作业质量

DB 15/T 579　西辽河流域保护性耕作玉米田杂草综合控制技术规范

2.3　术语和定义

下列术语和定义适用于本文件。

2.3.1　地表处理

在播前通过浅耙等作业，以平整地块和调整秸秆覆盖率，使农田状态达到播种要求的一种田间整理技术。

2.3.2 免耕播种

作物播前不采用翻耕等动土量大的耕作方式，直接在秸秆覆盖地上播种。

2.3.3 深松

以打破犁底层为目的，通过拖拉机牵引松土机械，在不打乱原有土层结构的情况下松动土壤的一种机械化整地技术。

2.4 秸秆覆盖与表土处理

播种前地面要基本平整，机器不应在田间随意拐弯乱压，保持田面平整。如地表不平、覆盖严重不匀或秸秆量过大影响播种时，可选择秸秆粉碎机、圆盘耙、旋耕机等进行粉碎、耙平、浅旋，或人工平整地表、将秸秆分布均匀。

2.5 种子选用

结合当地的生产条件、地力基础、灌溉情况等因素，选用抗逆性强、适应性广、丰产的品种。选用的种子纯度不低于97%，净度不低于99%，发芽率不低于95%，含水量不高于13%。种子质量应符合GB 4404.1的要求。

2.6 播种机具选择与调整

2.6.1 机具选择

免耕播种机应选择切茬能力强，作业无堵塞，播种质量好，满足施肥要求，且能够一次完成切碎秸秆、破茬开沟、播种、施肥、覆土、镇压等多道工序的作业机具。机具操作符合GB/T 20865的要求。

2.6.2 机具调试

作业前应按要求正确调试播种机，并通过试播，确认调试到位，播种量、施肥量、播深、肥深、行距、镇压力等符合要求，才能进行正式作业。

2.7 免耕播种

2.7.1 播种时期

以土壤表层5～10 cm、温度稳定通过10 ℃以上时为播种适期。

2.7.2　播种量

亩播量为 2.0～3.0 kg/亩。

2.7.3　播种深度

播种深度在 5 cm 左右，要求深浅一致。

2.7.4　行距

适宜的行距为 50～60 cm。

2.7.5　镇压

土壤干旱或有较大土块时镇压力要调大，压碎土块确保玉米播后覆土严密，镇压紧实，利于出苗。

2.8　施肥

2.8.1　基肥

基肥选用颗粒状复合肥或缓释肥，N、P_2O_5、K_2O 的比例为（20～22）∶13∶12，施肥量 25～35 kg/亩。肥料使用可参照 NY/T 496 的要求执行。

2.8.2　追肥

在玉米拔节期随雨水追施尿素 10～15 kg/亩。肥料使用可参照 NY/T 496的要求执行。

2.9　灌溉

在有灌溉条件的地区，喇叭口期应灌水 55～65 m^3/亩。

2.10　病虫草害防治

2.10.1　杂草防除

2.10.1.1　机械除草

玉米机械除草时，根据玉米的长势情况选择不同的机具，玉米株高10～15 cm 时，选用耘锄除草；玉米株高 20～30 cm 时，选用深松中耕机（用小芯铧）除草；玉米株高 50～60 cm 时，选用深松中耕机（用大芯铧）除草培土。具体操作可参照 DB 15/T 579 的要求执行。

2.10.1.2　播后苗前土壤封闭处理

在玉米播后苗前进行土壤封闭处理，防治一年生杂草可选用 50％乙草胺乳油，制剂用药量120～180 ml/亩兑水混匀后进行地表喷雾封闭，也可选用其他已登记的除草剂。药剂的使用方法与安全可参照GB/T 8321与GB 4285的规定执行。

2.10.1.3 苗后茎叶处理

在玉米3～5叶时施药。一年生禾本科杂草为主时，可选用40 g/L烟嘧磺隆可分散油悬浮剂，制剂用药量70～100 ml/亩茎叶喷施（甜玉米或爆裂玉米对该剂敏感，勿用）；一年生阔叶杂草为主时可选用38%莠去津悬浮剂，制剂用药量200～250 ml/亩茎叶喷雾；杂草种类较多时，应选择已登记的复配除草剂进行防除。药剂的使用方法与安全可参照GB/T 8321与GB 4285的规定执行。

2.10.2 病虫害防治

在玉米播种前应采用种子包衣或拌种进行病虫害防治，防治金针虫、蛴螬可选用50%丙硫克百威种子处理乳剂，制剂用药量1：(800～1 000)（药种比）；防治蚜虫可选用70%吡虫啉种子处理可分散粉剂，制剂用药量5～7 g/kg种子；防治灰飞虱、蓟马、金针虫、蛴螬可选用20%吡虫・氟虫腈悬浮种衣剂，制剂用药量10～20 g/kg种子；防治丝黑穗病可选用15%三唑酮可湿性粉剂，制剂用药量1：(166.7～250)（药种比）拌种；防治茎基腐病可选用11%精甲・咯・嘧菌悬浮种衣剂，制剂用药量1～3 ml/kg种子。在玉米生长期防治玉米螟，选用10%高效氯氟氰菊酯水乳剂，制剂用药量10～20 g/亩；防治黏虫可选用2.5%高效氯氟氰菊酯水乳剂，制剂用药量16～20 ml/亩；防治大斑病、小斑病可选用45%代森铵水剂，制剂用药量78～100 ml/亩喷雾。药剂的使用方法与安全可参照GB/T 8321与GB 4285的规定执行。

2.11 机械收获

2.11.1 收获条件

成熟后，植株倒伏率小于5%、最低结穗高度大于60 cm、果穗下垂率小于15%，可进行机械收获。

2.11.2 作业质量标准

果穗落粒损失率小于2%、果穗落地损失率小于3%、籽粒破碎率小于1.5%、割茬高度不小于25 cm、苞叶剥净率大于70%、根茬破碎合格率大于80%。联合收获机运行安全应符合GB 16151.12的要求。

2.12 深松

深松应在土壤相对含水量70%～75%的条件下进行；保护性耕作地一般2～4年深松一次。深松机应符合GB/T 24675.2的要求，作业质量应符合NY/T 2845的要求。

3 大兴安岭南麓大豆保护性耕作丰产栽培技术规程（DB15/T 1184—2017）

3.1 范围

本标准规定了大兴安岭南麓大豆保护性耕作丰产栽培的表土处理、种子选用、机具选择与调试、免耕播种、施肥、病虫草害防治、收获等技术规程。

本标准适用于大兴安岭南麓大豆保护性耕作农田。

3.2 规范性引用文件

下列文件对于本文件的应用是必不可少的。凡是注日期的引用文件，仅注日期的版本适用于本文件。凡是不注日期的引用文件，其最新版本（包括所有的修改单）适用于本文件。

GB 4285 农药安全使用标准

GB 4404.2 粮食作物种子 第2部分：豆类

GB 16151.12 农业机械运行安全技术条件 第12部分：谷物联合收割机

GB/T 8321 农药合理使用准则

GB/T 20865 免耕施肥播种机

GB/T 24675.2 保护性耕作机械 深松机

NY/T 496 肥料合理使用准则 通则

NY/T 738 大豆联合收割机械作业质量

3.3 术语和定义

下列术语和定义适用于本文件。

3.3.1 地表处理

在播前通过浅耙等作业，以平整地块和调整秸秆覆盖率，使农田状态达到播种要求的一种田间整理技术。

3.3.2 免耕播种

作物播前不采用翻耕等动土量大的耕作方式，直接在秸秆覆盖地上播种。

3.4　表土处理

播种前地面应平整。如地表不平、覆盖严重不匀或秸秆量过大影响播种时，可选择秸秆粉碎机、圆盘耙、旋耕机等进行粉碎、耙平、浅旋，或人工平整地表、将秸秆分布均匀。

3.5　种子选用

因地制宜地选择优质高产、熟期适宜、抗逆性强的品种。大豆种子质量应符合 GB 4404.2 的规定。

3.6　播种机具选择与调试

3.6.1　机具选择

免耕播种机应选择切茬能力强，作业无堵塞，播种质量好，满足施肥要求，且能够一次完成切碎秸秆、破茬开沟、播种、施肥、覆土、镇压等多道工序的作业机具。机具标准可参考 GB/T 20865 的要求。

3.6.2　机具调试

作业前必须按要求正确调试播种机，并通过试播，确认调试到位，播种量、施肥量、播深、肥深、行距、镇压力等符合要求，才能进行正式作业。

3.7　免耕播种

3.7.1　播种时期

大豆适宜播种期为 5～10 cm 土层的日平均温度稳定通过 10 ℃。一般 5 月上中旬播种。

3.7.2　播种量

播量 6～8 kg/亩。

3.7.3　播种深度

播种深度应控制在 3～5 cm 为宜。落籽均匀，覆盖严密。

3.7.4　镇压

镇压力要根据土壤墒情进行适当调整，土壤干燥时将镇压力调大，土壤湿润时将镇压力调小，确保苗带压实。

3.8 施肥

3.8.1 基肥

基肥选用颗粒状复合肥或缓释肥，N、P_2O_5、K_2O 的比例为（20～22）∶13∶12，施肥量 10～13 kg/亩。基肥随播种施入，施肥方式分侧位深施和正位深施两种，侧位深施肥料施在种子侧下方 5～6 cm 处，正位深施施在种子正下方 5 cm 以下，要求深浅一致。肥料使用可参照 NY/T 496 的要求执行。

3.8.2 叶面肥

初花期根据植株长势可选择 KH_2PO_4 0.1 kg/亩、$H_8MoN_2O_4$ 0.025 kg/亩、$Na_2B_4O_7$ 0.1 kg/亩，兑水 30～40 kg，叶面喷施。肥料使用可参照 NY/T 496 的要求执行。

3.9 病虫草害防治

3.9.1 杂草防除

3.9.1.1 机械除草

机械除草在大豆播前 1～3 d 进行，最好与播种连续作业，严防松土后土壤跑墒；机械除草时，5 cm 耕层中壤土容重不大于 1.2 g/cm^3，黏土容重不大于 1.4 g/cm^3，0～10 cm 耕层中的土壤相对含水率应不小于 10%。

3.9.1.2 土壤封闭除草

在大豆播种后出苗前，防除一年生禾本科杂草，可选用 50%乙草胺乳油，制剂用药量 100～140 ml/亩；防除一年生阔叶杂草，可选用 70%嗪草酮可湿性粉剂，制剂用药量 60～70 g/亩进行土壤喷雾施药。药剂的使用方法与安全可参照 GB/T 8321 与 GB 4285 的规定执行。

3.9.1.3 苗后茎叶处理

在大豆出苗后 1～2 片复叶期，防除一年生禾本科杂草，可选用 10.8%精喹禾灵水乳剂，制剂用药量 30～45 ml/亩兑水茎叶喷雾；防除一年生阔叶杂草，可选用 25%氟磺胺草醚水剂，制剂用药量 80～100 ml/亩进行茎叶喷雾处理。药剂的使用方法与安全可参照 GB/T 8321 与 GB 4285 的规定执行。

3.9.2　病虫害防治

大豆种子应包衣或拌种。防治根腐病、蓟马、蚜虫，可选用35%多福克悬浮种衣剂，制剂用药量1∶(50～70)（药种比）；防治根腐病，可选用62.5 g/L精甲咯菌腈悬浮种衣剂，制剂用药量1∶(250～333)（药种比）。在大豆生长期，防治锈病，可选用250 g/L嘧菌酯悬浮剂，制剂用药量40～60 ml/亩；防治叶斑病，可选用250 g/L吡唑·醚菌酯乳油，制剂用药量30～40 ml/亩；防治蚜虫、食心虫，可选用21.5%氯氰·氧乐果乳油，制剂用药量60～90 ml/亩喷雾。药剂的使用方法与安全可参照GB/T 8321与GB 4285的规定执行。

3.10　收获

人工收获，落叶达90%时进行；机械联合收割，叶片全部落净、豆粒归圆时进行。收获质量应符合NY/T 738的要求，联合收获机运行安全应符合GB 16151.12的要求。

4 大兴安岭沿麓甘蓝型油菜保护性耕作丰产栽培技术规程（DB15/T 1183—2017）

4.1 范围

本标准规定了大兴安岭沿麓甘蓝型油菜保护性耕作丰产栽培的表土处理、种子选用、播种机具选择与调试、免耕播种、施肥、病虫草害防治、收获、深松等技术操作规程。

本标准适用于大兴安岭沿麓甘蓝型油菜免耕农田。

4.2 规范性引用文件

下列文件对于本文件的应用是必不可少的。凡是注日期的引用文件，仅注日期的版本适用于本文件。凡是不注日期的引用文件，其最新版本（包括所有的修改单）适用于本文件。

GB 4285　农药安全使用标准

GB 4407.2　经济作物种子　第2部分：油料类

GB 16151.12　农业机械运行安全技术条件　第12部分：谷物联合收割机

GB/T 8321　农药合理使用准则

GB/T 20865　免耕施肥播种机

GB/T 24675.2　保护性耕作机械　深松机

NY/T 496　肥料合理使用准则通则

NY/T 2845　深松机　作业质量

NY/T 2199　油菜联合收割机　作业质量

4.3 术语和定义

下列术语和定义适用于本文件。

4.3.1 地表处理

在播前通过浅耙等作业，以平整地块和调整秸秆覆盖率，使农田状态达到播种要求的一种田间整理技术。

4.3.2　免耕播种

作物播前不采用翻耕等动土量大的耕作方式，直接在秸秆覆盖地上播种。

4.3.3　深松

以打破犁底层为目的，通过拖拉机牵引松土机械，在不打乱原有土层结构的情况下松动土壤的一种机械化整地技术。

4.4　秸秆与表土处理

播种前地面应基本平整。如地表不平、秸秆覆盖严重不匀或秸秆量过大影响播种时，可选择秸秆粉碎机、圆盘耙等进行粉碎、耙平，或人工平整地表、将秸秆分布均匀。

4.5　种子选用

结合当地的生产条件、地力基础等因素选用抗逆性强、适应性广、丰产稳产的良种。选用的种子纯度不低于85%，净度不低于98%，发芽率不低于85%，含水量不高于9%。油菜种子质量应符合 GB 4407.2 的规定。

4.6　播种机具选择与调试

4.6.1　机具选择

免耕播种机应选择切茬能力强，作业无堵塞，播种质量好，满足施肥要求，且能够一次完成切碎秸秆、破茬开沟、播种、施肥、覆土、镇压等多道工序的作业机具。机具标准可参照 GB/T 20865 的要求。

4.6.2　机具调试

作业前应按要求正确调试播种机，并通过试播，确认调试到位，播种量、施肥量、播深、肥深、行距、镇压力等符合要求，才能进行正式作业。

4.7　免耕播种

4.7.1　播种时期

油菜最佳播期的气象指标是日平均气温稳定通过 8 ℃，10 cm 土壤温度稳定通过 5 ℃。

4.7.2 播种量

播量依据品种性状、土壤与气候条件和产量要求具体确定。油菜播种量 0.4～0.5 kg/亩。

4.7.3 播种深度

播深 2～3 cm，要求深浅一致。

4.7.4 行距

适宜行距为 30 cm。

4.7.5 镇压

镇压力应根据土壤墒情进行适当调整，土壤干燥时将镇压力调大，土壤湿润时将镇压力调小，确保苗带压实，防止跑墒。

4.8 施肥

4.8.1 基肥

尿素 2.5～4 kg/亩、磷酸二铵 10～13 kg/亩、硫酸钾 2～4 kg/亩、硼肥 200 g/亩，基肥要深施，肥料与种子间隔 5 cm 以上，以免“烧种”。肥料使用可参照 NY/T 496 的要求执行。

4.8.2 叶面肥

在开花结荚时期喷施 0.1%～0.2%的尿素水溶液或 0.2%的磷酸二氢钾水溶液。肥料使用可参照 NY/T 496 的要求执行。

4.9 病虫草害防治

4.9.1 机械除草

在油菜 6～9 叶时，可用多功能中耕除草机进行中耕，或选择机具型号与播种机配套的其他型号的中耕除草机，松（耕）土深度 3～4 cm，要求伤苗率不大于 1%。除草保持在两行苗中间，偏离中心不大于 3 cm，不铲苗、不压苗、不伤苗。

4.9.2 化学除草

一般进行茎叶处理。播种后已出土的杂草较多时，在油菜出苗前可选用 41%草甘膦水剂，制剂用药量 100～150 ml/亩，对水喷雾。在油菜 3～5 叶期，防除禾本科杂草可选用 5%精喹禾灵乳油，制剂用药量 40～

60 ml/亩茎叶喷雾；防除部分阔叶杂草可选用 75%二氯吡啶酸可溶粒剂，制剂用药量 9～16 g/亩茎叶喷雾。药剂的使用方法与安全可参照 GB/T 8321 与 GB 4285 的要求。

4.9.3 病虫害防治

油菜种子应进行采用种子包衣或拌种。防治立枯病可选用 70%噁霉灵种子处理干粉剂，制剂用药量 1∶(500～1 000)（药种比）；防治黄曲条跳甲可选用 70%噻虫嗪种子处理可分散粉剂，制剂用药量 4～12 g/kg 种子。在油菜生长期，防治菌核病可选用 40%菌核净可湿性粉剂，制剂用药量 100～150 g/亩；防治对象黄条跳甲、蚜虫可选用 25%噻虫嗪水分散粒剂，制剂用药量 10～15 g/亩；防治小菜蛾可选用 1.8% 阿维菌素乳油，制剂用药量 30～40 ml/亩；防治菜青虫可选用 2.5%高效氯氟氰菊酯微乳剂，制剂用药量 20～40 g/亩兑水喷雾。药剂的使用方法与安全可参照 GB/T 8321 与 GB 4285 的规定执行。

4.10 收获

油菜成熟后要适时收获。割晒适期为全田叶片基本落光，植株主花序 70%以上变黄，籽粒呈本品种固有颜色，分枝角果 80%开始褪绿，主花序角果籽粒含水量为 35%左右。采取分段收获，即在油菜黄熟期先用割晒机械割倒，摊铺厚度 25～35 cm。然后，在田间晾晒 7～10 d，籽粒水分降至 13%以下，再用联合收割机进行拾禾脱粒收获。收获质量应符合 NY/T 2199 的要求，联合收获机运行安全应符合 GB 16151.12 的要求。

4.11 深松

深松应在土壤相对含水量 70%～75%的条件下进行；保护性耕作地一般 2～4 年深松一次。深松机应符合 GB/T 24675.2 的要求，作业质量应符合 NY/T 2845 的要求。

5 阴山北麓芥菜型油菜保护性耕作丰产栽培技术规程（DB15/T 1180—2017）

5.1 范围

本标准规定了阴山北麓芥菜型油菜保护性耕作丰产栽培的表土处理、种子选用、播种机具选择与调试、免耕播种、施肥、病虫草害防治、收获、深松等技术规范。

本标准适用于阴山北麓芥菜型油菜保护性耕作农田。

5.2 规范性引用文件

下列文件对于本文件的应用是必不可少的。凡是注日期的引用文件，仅注日期的版本适用于本文件。凡是不注日期的引用文件，其最新版本（包括所有的修改单）适用于本文件。

GB 4285　农药安全使用标准

GB 4407.2　经济作物种子　第2部分：油料类

GB 16151.12　农业机械运行安全技术条件　第12部分：谷物联合收割机

GB/T 8321　农药合理使用准则

GB/T 20865　免耕施肥播种机

GB/T 24675.2　保护性耕作机械　深松机

NY/T 496　肥料合理使用准则　通则

NY/T 2199　油菜联合收割机　作业质量

NY/T 2845　深松机　作业质量

DB 15/T 578　阴山北麓保护性耕作芥菜型油菜田杂草综合控制技术规范

5.3 术语和定义

下列术语和定义适用于本文件。

5.3.1 地表处理

在播前通过浅耙等作业，以平整地块和调整秸秆覆盖率，使农田状态达到播种要求的一种田间整理技术。

5.3.2　免耕播种

作物播前不采用翻耕等动土量大的耕作方式，直接在秸秆覆盖地上播种。

5.3.3　深松

以打破犁底层为目的，通过拖拉机牵引松土机械，在不打乱原有土层结构的情况下松动土壤的一种机械化整地技术。

5.4　秸秆与表土处理

播种前地面应基本平整。如地表不平、秸秆覆盖严重不匀或秸秆量过大影响播种时，可选择秸秆粉碎机、圆盘耙等进行粉碎、耙平，或人工平整地表、将秸秆分布均匀。

5.5　种子选用

结合当地的生产条件、地力基础等因素选用抗逆性强、适应性广、丰产稳产的良种。选用的种子纯度不低于85%，净度不低于98%，发芽率不低于80%，含水量不高于9%。油菜种子质量应符合GB 4407.2的要求。

5.6　播种机具选择与调试

5.6.1　机具选择

免耕播种机应选择切茬能力强，作业无堵塞，播种质量好，满足施肥要求，且能够一次完成切碎秸秆、破茬开沟、播种、施肥、覆土、镇压等多道工序的作业机具。推荐选择符合GB/T 20865要求的机具。

5.6.2　机具调试

作业前应按要求正确调试播种机，并通过试播，确认调试到位，播种量、施肥量、播深、肥深、行距、镇压力等符合要求，才能进行正式作业。

5.7　免耕播种

5.7.1　播种时期

油菜最佳播期一般在5月中下旬，日平均气温稳定通过6℃，10 cm土壤温度应稳定通过5℃。

5.7.2 播种量

播量依据品种性状、土壤与气候条件和产量要求具体确定，播种量为0.25～0.3 kg/亩。

5.7.3 播种深度

播种深度为2～3 cm，要求深浅一致。

5.7.4 行距

适宜行距为30 cm。

5.7.5 镇压

镇压力应根据土壤墒情进行适当调整，土壤干燥时将镇压力调大，土壤湿润时将镇压力调小，确保苗带压实，防止跑墒。

5.8 施肥

5.8.1 基肥

随播种施入磷酸二铵9～11 kg/亩、尿素1.5～3 kg/亩、硫酸钾2～4 kg/亩，基肥应深施，肥料与种子间隔5 cm以上，以免“烧种”。肥料使用可参照NY/T 496的要求执行。

5.8.2 叶面肥

在开花结荚时期喷施0.1%～0.2%的尿素或0.2%的磷酸二氢钾叶面肥。肥料使用可参照NY/T 496的要求执行。

5.9 病虫草害防治

5.9.1 杂草防除

5.9.1.1 机械除草

在播前1～3 d，进行浅松除草，最好与播种连续作业，防止浅松后土壤跑墒；浅松除草时，0～5 cm耕层中的土壤容重应不大于1.2 g/cm³，黏土土壤容重应不大于1.4 g/cm³，0～10 cm耕层中的土壤含水率应不小于10%。具体操作可参照DB 15/T 578的要求执行。

在油菜6～9叶时，可用多功能中耕除草机进行中耕，或选择机具型号与播种机配套的其他型号的中耕除草机。松（耕）土深度3～4 cm，要求伤苗率不大于1%。除草保持在两行苗中间，偏离中心不大于3 cm，不铲苗、不压苗、不伤苗。

5.9.1.2　化学除草

在油菜 3～5 叶期，禾本科杂草 3～5 叶期施药，可选用 5%精喹禾灵乳油，制剂用药量 40～60 ml/亩茎叶喷雾，也可选用烯草酮、高效氟吡甲禾灵等除草剂。药剂的使用方法与安全参照 GB/T 8321 与 GB 4285 的规定执行。

5.9.1.3　人工除草

在人力较充裕的地区，可进行人工除草。人工除草在芥菜型油菜现蕾期前后进行，人工拔除或铲除田间遗留的与油菜高度接近或高出油菜的杂草。

5.10　病虫害防治

应采用种子包衣或拌种防治苗期病虫害，防治立枯病可选用 70%噁霉灵种子处理干粉剂，制剂用药量 1∶(500～1 000)（药种比）；防治黄曲条跳甲可选用 70%噻虫嗪种子处理可分散粉剂，制剂用药量 4～12 g/kg 种子。在油菜生长期进行病虫害防治，可选用 40%菌核净可湿性粉剂，防治菌核病，制剂用药量 100～150 g/亩；可选用 25%噻虫嗪水分散粒剂，防治黄曲条跳甲、蚜虫，制剂用药量 10～15 g/亩；可选用 1.8%阿维菌素乳油，防治小菜蛾，制剂用药量 30～40 ml/亩；可选用 2.5%高效氯氟氰菊酯微乳剂，防治菜青虫，制剂用药量 20～40 g/亩兑水喷雾。药剂的使用方法与安全可参照 GB/T 8321 与 GB 4285 的规定执行。

5.11　收获

油菜成熟后适时收获。割晒适期为全田叶片基本落光，植株主花序 70%以上变黄，籽粒呈本品种固有颜色，分枝角果 80%开始褪绿，主花序角果籽粒含水量为 35%左右。采取分段收获，即在油菜黄熟期先用割晒机械割倒，厚度 25～35 cm。然后，在田间晾晒 7～10 d，籽粒水分降至 13%左右，再用联合收割机进行拾禾脱粒收获。收获质量应符合 NY/T 2199 的要求，联合收割机运行安全应符合 GB 16151.12 的要求。

5.12　深松

深松应在土壤相对含水量 70%～75%的条件下进行；保护性耕作地一般 2～4 年深松一次。深松机应符合 GB/T 24675.2，作业质量符合 NY/T 2845 的要求。

附录三　技术规范

1　农牧交错区保护性耕作小麦田杂草综合控制技术规范（DB15/T 581—2013）

1.1　范围

本标准规定了农牧交错区保护性耕作小麦田杂草综合控制技术的除草剂选择种类、施用时间及方法，人工除草的时间及要求，机械浅松除草的机具种类、防除时间及机具操作等技术规范。

本标准适用于农牧交错区保护性耕作小麦田杂草的防除。

1.2　规范性引用文件

下列文件对于本文件的应用是必不可少的。凡是注日期的引用文件，仅注日期的版本适用于本文件。凡是不注日期的引用文件，其最新版本（包括所有的修改单）适用于本文件。

GB 4285　农药安全使用标准

GB/T 5667　农业机械　生产试验方法

GB 8321　农药合理使用准则

GB/T 10395.1　农林拖拉机和机械　安全技术要求　第1部分：总则

1.3　术语和定义

下列术语和定义适用于本标准。

1.3.1　农牧交错区

农耕区与畜牧区是依人类经济生活方式而划分的基本区域，介于两者之间的则称为农牧交错地带。

1.3.2　保护性耕作

以水土保持为中心，保持适量的地表覆盖物，尽量减少土壤耕作，并用秸秆覆盖地表，减少风蚀和水蚀，提高土壤肥力和抗旱能力的一项先进农业耕作技术。

1.3.3　综合除草

以轮作等农业措施为基础，机械、化学除草为主，以人工除草为辅的综合除草技术。

1.3.4　化学除草

利用除草剂代替人力或机械在农田等地面上消灭杂草的技术。

1.3.5　机械除草

是指利用农业生产活动的牵引机械、浅松设备及其技术除去农田杂草的生产活动过程。

1.3.6　人工除草

是指利用人力拔出或用手工工具铲除农田杂草的生产活动过程。

1.4　综合除草技术要求

（1）根据农田轮作的要求选用不同作物与小麦进行轮作，通过不同作物轮作达到防除杂草的目的。

（2）机械除草应符合 GB/T 5667、GB/T 10395.1 等规定，依据常用的机械方法、作业强度、除草时期等技术参数，按照国家标准规定的要求进行。

（3）根据土壤条件，选择适宜的牵引机械和浅松除草机械，以利于达到最好的除草效果和减少对土壤的扰动。

（4）除草剂使用应符合 GB 4285、GB/T 8321 等规定，依据常用的剂型、单位用量、安全间隔期等技术参数，按照国家标准规定的要求施用。

（5）除草剂合理混用，轮换交替使用，以利全面防除杂草，减少抗性杂草的产生与蔓延。

（6）依据小麦的生长时间和遗留杂草的生长情况，在小麦孕穗期及时人工拔除田间遗留的对小麦生长造成一定危害的杂草，以防草种成熟。

1.5　综合除草技术作业前准备

（1）在前茬作物收获完成和小麦苗期 3～5 叶时，及时观察杂草的发生量，根据杂草的发生种类和发生量，及时确定除草剂种类及用量。

（2）要对使用的拖拉机、中耕机进行用前技术检查，确保使用的拖拉机技术状态良好，液压机构灵活可靠，动力输出运转正常，各机具可用。

（3）对作业机具安装调试和联结配套作业机具检查，检查各部件是否完好，连接是否可靠，转动是否灵活，确保运行正常。

（4）查看作业地形，改善作业环境，排除田间的障碍物，防止其影响作业质量和效率及损坏机具。

（5）作业机手必须经过技术培训，熟练掌握工作原理、调整方法和一般故障排除等技术。

1.6 综合除草技术

1.6.1 综合除草技术路线

以轮作等农业措施为基础，结合苗期化学除草或机械中耕除草，中期人工拔大草，收获后化学除草等不同时期除草措施相结合，用以防除保护性耕作小麦田杂草。

苗期杂草发生较重，可采用化学除草结合机械中耕除草进行防除；杂草发生量较小，且集中在行间时，可直接采用机械中耕除草；在小麦孕穗期，田间遗留大草较多时，可人工拔除田间大草；当小麦收获后，田间杂草发生量还较大，且50%以上的植株具有生长能力，可及时用草甘膦进行防除。

1.6.2 轮作

在有条件的情况下，旱地可选择与大豆、向日葵等顺序轮作；灌溉条件下可与大豆、玉米、向日葵等顺序轮作。在生产条件和经济条件不允许的情况下，也可根据当地的生产条件进行轮作作物的选择和轮作年限的确定。

1.6.3 苗期化学除草

1.6.3.1 苗期化学除草的时期

在小麦苗期3～5叶、杂草2～4叶期，杂草的覆盖率在15%以上时，根据田间杂草群落选用一种除草剂或一组混配剂茎叶喷雾防除。

1.6.3.2 苗期化学除草剂的选择

小麦苗期田间狗尾草、稗草等禾本科杂草与藜、田旋花等阔叶杂草混生时，可选用22.5%溴苯腈乳油＋36%禾草灵乳油混用，或可选用13%2甲4氯钠水剂＋25%绿麦隆可溶性粉剂混配后加入液量0.3%的尿素，或选用72%2,4-D丁酯乳油＋10%骠马乳油，混配后对杂草茎叶喷雾。

田间单一阔叶类杂草发生时，可选用72% 2,4-D丁酯乳油＋22.5%溴苯腈乳油，或可选用72%2,4-D丁酯乳油＋75%苯磺隆干悬浮剂，混配后对杂草茎叶喷雾。

田间单一禾本科杂草发生时，可选用36%禾草灵乳油，或可选用6.9%骠马浓乳剂，或选用10%骠马乳油对杂草茎叶喷雾。

1.6.4　机械中耕除草

苗期化学除草后未发生杂草，不必进行机械中耕除草；如果苗期化学除草后仍有杂草发生，需进行机械中耕除草。

行距不小于25 cm的小麦田，可以进行机械中耕除草；行距25 cm以下的小麦田，不可采用机械中耕除草。

在小麦分蘖后拔节前，用3ZF-1.2型多功能中耕除草机进行中耕，松土深度为3～4 cm，要求伤苗率不大于1%。除草保持在两行苗中间，偏离中心不大于3 cm，达到不铲苗、不压苗、不伤苗。

1.6.5　人工除草

在人力较充裕的地区，可进行人工除草。在小麦孕穗到抽穗期，人工拔除小麦田间遗留的与小麦高度接近或高出小麦的杂草。

1.6.6　收获后化学除草

在小麦收获后10～15 d，杂草具有50%以上的绿色时，应及时喷施草甘膦防除。

1.7　综合除草技术作业要求

（1）除草剂应根据使用说明进行喷施，配制药液时，用药用水量要准确，并充分搅拌均匀。

（2）喷洒药液量要准确、均匀、不重、不漏，重喷、漏喷率应不大于5%。人工喷雾时也要尽量压低喷头，保持距地面10～20 cm的高度，以保喷药质量，防止药液飘移为害他田。

（3）作业前应根据地块形状规划作业路线，保证作业行车方便，空行程短。

（4）正式作业前要进行试作业，调整好除草深度，检查机车、机具各部件工作情况及作业质量，发现问题及时解决，直到符合作业要求。

（5）机组作业速度要符合使用说明书要求，作业应保持匀速直线行驶。

（6）人工除草时，作业人员必须直线作业，不能在小麦田的行间来回跨越走动，防止造成小麦的倒伏与踩压。

（7）人工除草时，作业人员要及时把杂草与小麦分开，防止把小麦连带拔出。

（8）应选择喷头为扇形且压力稳定的喷雾器。

1.8 综合除草技术的注意事项

（1）化学除草作业时，作业人员要经常注意检查维修喷药器具，保持雾化良好，防止喷头、管道堵塞、渗漏。

（2）合理选用除草剂，结合使用增效助剂，减少用药量及防止飘移，提高防效。化学除草时以选在晴天的早晚、无风情况为宜，中午或气温高时不宜施药。长期干旱无雨、低温和空气湿度低于65%不宜施药。

（3）化学除草作业时，作业人员必需配戴口罩、防护镜、手套、防护衣、靴等，外露体位有外伤或孕妇不可进行喷药作业。

（4）化学除草作业完毕后，作业人员要彻底清洗喷药器具及身体触药部位，妥善保管器具与剩余药剂。

（5）机械中耕除草作业时，机具未提升前不得转弯和倒退。

（6）机械运转时，不得进行维修，且运输时必须将机具升至运输状态，严禁在悬挂架和机具上坐人。

（7）机械中耕除草作业时，若发现机车负荷突然增大，应立即停车，查明原因，及时排除故障。

（8）机具保养和存放按《使用说明书》的要求进行。

（9）人工除草作业时，要在地面干松时进地拔草，小雨后1 d或大雨后3 d进地拔草。

（10）人工除草作业时，如果拔出的杂草已经接种或种子已接近成熟时，要把拔出的杂草及时清理到田外，并及时处理。

（11）机械除草机具的轮距要与免耕播种机的轮距一致。

2　阴山北麓保护性耕作芥菜型油菜田杂草综合控制技术规范（DB15/T 578—2013）

2.1　范围

本标准规定了阴山北麓保护性耕作芥菜型油菜田杂草综合控制技术的除草剂选择种类、施用时间及方法，人工除草的时间及要求，机械浅松除草的机具种类、防除时间及机具操作等技术规范。

本标准适用于阴山北麓保护性耕作芥菜型油菜田杂草的防除。

2.2　规范性引用文件

下列文件对于本文件的应用是必不可少的。凡是注日期的引用文件，仅注日期的版本适用于本文件。凡是不注日期的引用文件，其最新版本（包括所有的修改单）适用于本文件。

GB 4285　农药安全使用标准

GB/T 5667　农业机械　生产试验方法

GB 8321　农药合理使用准则

GB/T 10395.1　农林拖拉机和机械　安全技术要求　第1部分：总则

2.3　术语和定义

下列术语和定义适用于本标准。

2.3.1　保护性耕作

以水土保持为中心，保持适量的地表覆盖物，尽量减少土壤耕作，并用秸秆覆盖地表，减少风蚀和水蚀，提高土壤肥力和抗旱能力的一项先进农业耕作技术。

2.3.2　综合除草

综合利用除草剂、机械和人力在农田、苗圃、绿地、造林地、防火线等地面上消灭杂草的技术。

2.4　综合除草技术要求

（1）根据农田轮作的要求选用不同作物与芥菜型油菜进行轮作，通过轮作方式达到防除杂草的目的。

(2) 机械除草应符合 GB/T 5667、GB/T 10395.1 等规定，依据常用的机械方法、作业强度、除草时期等技术参数，按照国家标准规定的要求使用。

(3) 根据土壤条件，选择适宜的牵引机械和浅松除草机械，以利达到最佳除草效果和减少对土壤的扰动。

(4) 除草剂使用应符合 GB 4285、GB/T 8321 等国家规定标准，依据常用的剂型、单位用量、安全间隔期等技术参数，按照国家标准规定的要求施用。

(5) 除草剂合理混用，轮换交替使用，以利全面防除杂草，减少抗性杂草的产生与蔓延。

(6) 依据芥菜型油菜的生长时间和遗留杂草的生长情况，在芥菜型油菜蕾薹期及时人工拔除田间遗留的大草，以防草种成熟。

2.5 综合除草技术作业前准备

(1) 要对使用的拖拉机、浅松机、中耕机进行用前技术检查，确保使用的拖拉机技术状态良好，液压机构灵活可靠，动力输出运转正常，浅松机及中耕机具可用。

(2) 作业机具安装调试和联结配套作业机具检查，检查各部件是否完好，连结是否可靠，转动是否灵活，浅松铲的紧固是否可靠，确保运行正常。

(3) 查看作业地形，改善作业环境，排除田间的障碍物，防止其影响作业质量和效率及损坏机具。

(4) 作业机手必须经过技术培训，熟练掌握工作原理、调整方法和一般故障排除等技术。

(5) 在芥菜型油菜苗期 2～3 叶时，及时进地观察杂草的发生种类和发生量，确定除草剂种类及用量。

2.6 综合除草技术

2.6.1 综合除草技术工艺路线

以轮作等农业措施为基础，结合播前机械浅松除草，苗期化学除草及机械中耕除草，现蕾期人工拔出大草，收获后化学除草等不同时期除草措施相结合。

播前浅松除草结合播种同时进行；苗期杂草发生较重，可采用化学除草结合机械中耕除草进行防除；如果杂草发生量较小，且集中在行间发生时，可直接进行机械中耕除草；在芥菜型油菜现蕾期时，田间遗留大草较多时，可人工拔除田间大草；收获后田间杂草发生量较大时，可选用草甘膦进行防除。

2.6.2　播前机械浅松除草技术

2.6.2.1　机械浅松除草时期和原则

浅松除草应在芥菜型油菜播前 1～3 d 进行，最好与播种连续作业，严防浅松后土壤跑墒；浅松除草时，0～5 cm 耕层中的壤土土壤容重不大于 1.2 g/cm^3，黏土土壤容重不大于 1.4 g/cm^3，0～10 cm 耕层中的土壤含水率必须不小于 10%。

2.6.2.2　机械浅松除草机具种类的选择

根据油菜播种机机型选择相应马力和型号的中耕机及浅旋机。

根据油菜田块的大小，牵引机具可选用 20 马力小型拖拉机、小于 50 马力的中小型拖拉机或大于 90 马力的大型拖拉机；浅松机具可选用 1QG－120 型、1US－5 型全方位浅松机灭茬缺口圆盘耙等或具有相同功能的其他型号浅松机械。

2.6.3　苗期除草技术

2.6.3.1　苗期除草原则

苗期杂草的发生量较大时，可采用化学除草结合机械中耕除草进行防除，可先进行化学除草，隔 3～5 d 进行中耕除草，减少用药量，增加杂草的防除效果；如果杂草发生量较小，且集中在行间发生时，可直接进行机械中耕除草。

2.6.3.2　苗期化学除草时期

在芥菜型油菜 4～6 叶、杂草 2～4 叶期时，根据田间杂草群落选用一种除草剂或一组混配剂对杂草茎叶喷雾防除。

2.6.3.3　苗期化学除草剂的选择

田间杂草群落以狗尾草、稗草、野燕麦等禾本科杂草为主时，可以喷施 5%精喹禾灵乳油，或 10.8%高效氟吡甲禾灵乳油，或 12.5%烯禾啶乳油。

2.6.4 机械中耕除草

油菜苗期田间杂草以藜、苣荬菜、卷茎蓼等阔叶杂草为主时，应采用机械中耕除草。

在芥菜型油菜 8～10 叶时，用 3ZF－1.2 型多功能中耕除草机进行中耕，松土深度 3～4 cm，要求伤苗率不大于 1%。除草保持在两行苗中间，偏离中心不大于 3 cm。不铲苗、不压苗、不伤苗。

2.6.5 人工除草

在人力较充裕的地区，可进行人工除草。人工除草在芥菜型油菜现蕾期前后进行，人工拔除或铲除田间遗留的与油菜高度接近或高出油菜的杂草。

2.6.6 收获后化学除草

在油菜收获后 3～7 d，杂草具有 30%以上的绿色时，应及时喷施草甘膦防除。

2.7 综合除草技术作业要求

（1）浅松除草深度应为 5～6 cm，地要平整，不拖堆，不出沟，同一地块的高度差不超过 4 cm。

（2）作业前应根据地块形状规划作业路线，保证作业行车方便，空行程短。

（3）正式作业前要进行试作业，调整好除草深度，检查机车、机具各部件工作情况及作业质量，发现问题及时解决，直到符合作业要求。

（4）机组作业速度要符合使用说明书要求，作业应保持匀速直线行驶。

（5）除草剂应根据使用说明进行喷施。配制药液时，用药用水量要准确，并充分搅拌均匀。

（6）合理选用除草剂，结合使用增效助剂，减少用药量及防止漂移，提高防效。喷洒药液量要准确、均匀、不重、不漏，重喷、漏喷率应不大于 5%。人工喷雾时也要尽量压低喷头，保持距地面 10～20 cm 的高度，以保证喷药质量。

（7）人工除草时，作业人员必须直线作业，不能在芥菜型油菜田行间来回跨越走动，防止造成芥菜型油菜的倒伏与踩压。

（8）应选择喷头为扇形且压力稳定的喷雾器。

2.8 综合除草技术的注意事项

（1）机械浅松、中耕除草作业时，机具未提升前不得转弯和倒退，且机具作业中或运转状态下，严禁在悬挂架和机具上坐人。

（2）浅松或中耕除草作业时，若发现机车负荷突然增大，应立即停车，查明原因，及时排除故障。

（3）机械运转时，不得进行维修，且运输时必须将机具升至运输状态。

（4）机具保养和存放按《使用说明书》的要求进行。

（5）化学除草作业时，作业人员要经常注意检查维修喷药器具，保持雾化良好，防止喷头、管道堵漏。选雨后（田间潮润）晴天的早晚喷药最好，中午或气温高时不宜施药。长期干旱无雨、低温和空气湿度低于65％不宜施药。

（6）化学除草作业时，作业人员必需配戴口罩、防护镜、手套、防护衣、靴等，外露体位有外伤或孕妇不可进行喷药作业。

（7）化学除草作业完毕后，作业人员要彻底清洗喷药器具及身体触药部位，妥善保管器具与剩余药剂。

（8）人工除草作业时，要在地面干松时进地拔草，小雨后 1 d 或大雨后 3 d 进地拔草。

（9）人工除草作业时，如果拔出的杂草已经接种或种子已接近成熟时，要把拔出的杂草及时清理到田外，并及时处理。

（10）机械除草机具的轮距要与免耕播种机的轮距一致。

3 阴山北麓保护性耕作燕麦田杂草综合控制技术规范（DB15/T 583—2013）

3.1 范围

本标准规定了阴山北麓保护性耕作燕麦田杂草综合控制技术的除草剂选择种类、施用时间及方法，人工除草的时间及要求，机械浅松除草的机具种类、防除时间及机具操作等技术规范。

本标准适用于阴山北麓保护性耕作燕麦田杂草的防除。

3.2 规范性引用文件

下列文件对于本文件的应用是必不可少的。凡是注日期的引用文件，仅注日期的版本适用于本文件。凡是不注日期的引用文件，其最新版本（包括所有的修改单）适用于本文件。

GB 4285 农药安全使用标准

GB/T 5667 农业机械 生产试验方法

GB 8321 农药合理使用准则

GB/T 10395.1 农林拖拉机和机械 安全技术要求 第1部分：总则

3.3 术语和定义

下列术语和定义适用于本标准。

3.3.1 保护性耕作

以水土保持为中心，保持适量的地表覆盖物，尽量减少土壤耕作，并用秸秆覆盖地表，减少风蚀和水蚀，提高土壤肥力和抗旱能力的一项先进农业耕作技术。

3.3.2 综合除草

以轮作等农业措施为基础，机械、化学除草为主，以人工除草为辅的综合除草技术。

3.3.3 化学除草

利用除草剂代替人力或机械在农田等地面上消灭杂草的技术。

3.3.4 机械除草

是指利用农业生产活动的牵引机械、浅松设备及其技术除去农田杂草的生产活动过程。

3.3.5 人工除草

是指利用人力拔出或用手工工具铲除农田杂草的生产活动过程。

3.4 综合除草技术要求

（1）根据农田轮作的要求选用不同作物与燕麦进行轮作，通过不同轮作模式达到防除杂草的目的。

（2）机械除草应符合 GB/T 5667、GB/T 10395.1 等规定，依据常用的机械方法、作业强度、除草时期等技术参数，按照国家标准规定的要求使用。

（3）根据土壤条件，选择适宜的牵引机械和浅松除草机械，以利达到最佳除草效果和减少对土壤的扰动。

（4）除草剂使用应符合 GB 4285、GB/T 8321 等规定，依据常用的剂型、单位用量、安全间隔期等技术参数，按照国家标准规定的要求施用。

（5）除草剂合理混用，轮换交替使用，以利全面防除杂草，减少抗性杂草的产生与蔓延。

（6）依据燕麦的生长时间和遗留杂草的生长情况，在燕麦孕穗期至抽穗期及时人工拔除田间遗留的大草，以防草种成熟。

3.5 综合除草技术作业前准备

（1）在前茬作物收获完成和燕麦苗期 2～3 叶时，及时观察杂草的发生量，根据杂草的发生种类和发生数量，及时确定除草剂种类和剂量。

（2）要对使用的拖拉机、中耕机进行用前技术检查，确保使用的拖拉机技术状态良好，液压机构灵活可靠，动力输出运转正常，各机具可用。

（3）作业机具安装调试和联结配套作业机具检查，检查各部件是否完好，连接是否可靠，转动是否灵活，确保运行正常。

（4）查看作业地形，改善作业环境，排除田间的障碍物，防止其影响作业质量和效率及损坏机具。

（5）作业机手必须经过技术培训，熟练掌握工作原理、调整方法和一般故障排除等技术。

3.6 综合除草技术

3.6.1 综合除草技术工艺路线

以轮作等农业措施为基础，播前机械浅松除草，结合苗期化学除草，孕穗期人工拔除大草，收获后化学除草等不同时期除草措施相结合，用以防除保护性耕作燕麦田杂草。

苗期杂草发生较重，可采用化学除草；燕麦孕穗期，田间遗留大草较多时，可人工拔除田间大草。

3.6.2 轮作

在有条件的情况下，旱作可选择与油菜、荞麦等顺序轮作；灌溉条件下可与油菜、向日葵等顺序轮作。或根据当地生产条件和农民种植习惯适当进行轮作作物的选择和轮作年限的确定。

3.6.3 播前机械浅松除草技术

3.6.3.1 机械浅松除草时期和原则

应在燕麦播前1～3 d进行浅松除草，最好与播种连续作业，严防浅松后土壤跑墒；浅松除草时，0～5 cm耕层中的壤土土壤容重不大于1.2 g/cm^3，黏土土壤容重不大于1.4 g/cm^3，0～10 cm耕层中的土壤含水率必须不小于10%。

3.6.3.2 机械浅松除草机具种类的选择

根据燕麦播种机机型选择相应马力和型号的浅松机械。

根据燕麦田块的大小，牵引机具可选用20马力小型拖拉机、小于50马力的中小型拖拉机或大于90马力的大型拖拉机；浅松机具可选用1QG-120型全方位浅松机、1US-5型全方位浅松机、灭茬缺口圆盘耙等或具有相同功能的其他型号浅松机械。

3.6.4 苗期化学除草

3.6.4.1 苗期化学除草的时期

在燕麦3～5叶、杂草2～4叶期，根据田间杂草群落选用一种除草剂或一组混配剂茎叶喷雾防除。

3.6.4.2 苗期化学除草剂的选择

燕麦苗期防除田间阔叶杂草可选用72%2,4-D丁酯乳油+22.5%溴苯腈乳油，或选用72%2,4-D丁酯乳油+75%苯磺隆干悬浮剂，或选用72%2,4-D丁酯乳油+13%2甲4氯钠盐水剂，混配后对杂草茎叶喷雾。

3.6.5　人工除草

在人力较充裕的地区，可进行人工除草。在燕麦孕穗期到抽穗期，人工拔除燕麦田间遗留的与燕麦高度接近或高出燕麦的杂草。

3.6.6　收获后化学除草

在燕麦收获后 10～15 d，杂草具有 50%以上的绿色时，应及时喷施草甘膦进行防除。

3.7　综合除草技术作业要求

（1）除草剂应根据使用说明进行喷施。配制药液时，用药用水量要准确，并充分搅拌均匀。

（2）合理选用除草剂，结合使用增效助剂，减少用药量及防止漂移，提高防效。喷洒药液量要准确、均匀、不重、不漏，重喷、漏喷率应不大于 5%。人工大量喷雾时也要尽量压低喷头，保持距地面 10～20 cm 的高度，以保喷药质量。

（3）作业前应根据地块形状规划作业路线，保证作业行车方便，空行程短。

（4）正式作业前要进行试作业，调整好除草深度，检查机车、机具各部件工作情况及作业质量，发现问题及时解决，直到符合作业要求。

（5）机组作业速度要符合使用说明书要求，作业应保持匀速直线行驶。

（6）人工除草时，作业人员必须直线作业，不能在燕麦田的行间来回跨越走动，防止造成燕麦的倒伏与踩压。

（7）人工除草时，作业人员要及时把杂草与燕麦分开，防止把燕麦连带拔出。

（8）应选择喷头为扇形且压力稳定的喷雾器。

3.8　综合除草技术的注意事项

（1）化学除草作业时，作业人员要经常注意检查维修喷药器具，保持雾化良好，防止喷头、管道堵塞渗漏。

（2）合理选用除草剂，结合使用增效助剂，减少用药量及防止飘移，提高防效。化学除草宜选在晴天的早晚、无风情况为宜，中午或气温高时不宜施药。长期干旱无雨、低温和空气湿度低于 65%不宜施药。

（3）化学除草作业时，作业人员必需配戴口罩、防护镜、手套、防护衣、靴等，外露体位有外伤或孕妇不可进行喷药作业。

（4）化学除草作业完毕后，作业人员要彻底清洗喷药器具及身体触药部位，妥善保管器具与剩余药剂。

（5）机械中耕除草作业时，机具未提升前不得转弯和倒退。

（6）机械运转时，不得进行维修，且运输时必须将机具升至运输状态，严禁在悬挂架和机具上坐人。

（7）机械中耕除草作业时，若发现机车负荷突然增大，应立即停车，查明原因，及时排除故障。

（8）机具保养和存放按《使用说明书》的要求进行。

（9）人工除草作业时，要在地面干松时进地拔草，小雨后 1 d 或大雨后 3 d 进地拔草。

（10）人工除草作业时，如果拔出的杂草已接种或种子已接近成熟时，要将拔出的杂草及时清理到田外，并及时处理。

（11）机械除草机具的轮距要与免耕播种机的轮距一致。

4　西辽河流域保护性耕作玉米田杂草综合控制技术规范（DB15/T 579—2013）

4.1　范围

本标准规定了西辽河流域保护性耕作玉米田杂草综合控制技术的除草剂选择种类、施用时间及方法，人工除草的时间及要求，机械浅松除草的机具种类、防除时间及机具操作等技术规范。

本标准适用于西辽河流域保护性耕作玉米田杂草防除。

4.2　规范性引用文件

下列文件对于本文件的应用是必不可少的。凡是注日期的引用文件，仅注日期的版本适用于本文件。凡是不注日期的引用文件，其最新版本（包括所有的修改单）适用于本文件。

GB 4285　农药安全使用标准

GB/T 5667　农业机械　生产试验方法

GB 8321　农药合理使用准则

GB/T 10395.1　农林拖拉机和机械　安全技术要求　第1部分：总则

4.3　术语和定义

下列术语和定义适用于本标准。

4.3.1　保护性耕作

以水土保持为中心，保持适量的地表覆盖物，尽量减少土壤耕作，并用秸秆覆盖地表，减少风蚀和水蚀，提高土壤肥力和抗旱能力的一项先进农业耕作技术。

4.3.2　综合除草

以轮作等农业措施为基础，机械、化学除草为主，以人工除草为辅的综合除草技术。

4.3.3　化学除草

利用除草剂代替人力或机械在农田等地面上消灭杂草的技术。

4.3.4 封闭除草

是指在播种前或播种后 1 d，杂草种子刚刚发芽或刚生长出幼苗的一定时期内，喷洒除草剂杀死杂草种子的幼芽、幼苗的除草方式。

4.3.5 机械除草

是指利用农业生产活动的牵引机械、浅松设备及其技术除去农田杂草的生产活动过程。

4.3.6 人工除草

是指利用人力拔出或用手工工具铲除农田杂草的生产活动过程。

4.4 综合除草技术准则

（1）根据农田轮作的要求选用不同作物与玉米进行轮作，通过不同作物轮作达到防除杂草的目的。

（2）机械除草应符合 GB/T 5667、GB/T 10395.1 等规定，依据常用的机械方法、作业强度、除草时期等技术参数，按照国家标准规定的要求使用。

（3）根据土壤条件，选择适宜的牵引机械和浅松除草机械，以利于达到最佳除草效果和减少对土壤的扰动。

（4）除草剂使用应符合 GB 4285、GB/T 8321 等规定，依据常用的剂型、单位用量、安全间隔期等技术参数，按照国家标准规定的要求施用。

（5）除草剂合理混用，轮换交替使用，以利全面防除杂草，减少抗性杂草的产生与蔓延。

（6）依据玉米的生长时间和遗留杂草的生长情况，在玉米拔节期及时进行人工拔除田间遗留的大草，以防草种成熟。

4.5 综合除草技术作业前准备

（1）在玉米 3～5 叶时，及时进地观察杂草的发生种类和发生量，确定除草剂种类及用量。

（2）要对使用的拖拉机、中耕机进行用前技术检查，确保使用的拖拉机技术状态良好，液压机构灵活可靠，动力输出运转正常，中耕机具可用。

（3）作业机具安装调试和联结配套作业机具检查，检查各部件是否完好，连接是否可靠，转动是否灵活，中耕机具的紧固是否可靠，确保运行正常。

（4）查看作业地形，改善作业环境，排除田间的障碍物，防止其影响作业质量和效率及损坏机具。

（5）作业机手必须经过技术培训，熟练掌握工作原理、调整方法和一般故障排除等技术。

4.6　综合除草技术

4.6.1　综合除草技术路线

以轮作等农业措施为基础，结合播前化学封闭除草、苗期化学除草、机械中耕除草以及中期人工拔除大草等不同时期除草措施相结合，用以防除保护性耕作玉米田杂草。

为防止杂草苗期大量发生，在玉米播种前7～10 d进行施用土壤处理除草剂，防止杂草发生；苗期杂草发生较重，可采用化学除草结合机械中耕除草进行防除；如果杂草发生量较小，且集中在行间发生时，在玉米拔节期以前，可直接采用机械中耕除草；在玉米拔节期，田间遗留大草较多时，可人工拔除田间大草。

4.6.2　轮作

在条件允许范围内，旱作地块可选择与小麦、大豆等顺序轮作；灌溉条件下，可与大豆、小麦、高粱等顺序轮作。在生产条件和经济条件不允许的情况下，也可根据当地的生产条件进行轮作作物的选择和轮作年限的确定。

4.6.3　播前化学除草剂封闭除草

4.6.3.1　播前封闭除草时期

灌溉条件下，可在玉米播种前7～10 d，结合春灌喷施药剂，旱作条件下可在玉米播种前2～5 d喷施药剂，然后结合土壤墒情直接免耕播种。

4.6.3.2　播前封闭除草剂的选择及施用方法

在玉米播种前或者播种后出苗前，可选用一种广谱性除草剂或一组混配剂进行喷雾防除杂草。

可选用90%乙草胺乳油，或38%莠去津悬浮剂，或90%乙草胺乳油＋38%莠去津悬浮剂，对水混匀后进行地表喷雾封闭。

4.6.4　苗期化学除草技术

4.6.4.1　苗期化学除草时期及原则

在玉米3～5叶，杂草2～4叶，且杂草的覆盖度在25%以上时，根据田间杂草群落选用一种除草剂或一组混配剂对杂草进行茎叶喷雾防除。

4.6.4.2 苗期化学除草剂的选择及使用方法

田间稗草、马唐、狗尾草等禾本科杂草和藜、反枝苋、苘麻等阔叶杂草混生时，可选用4%烟嘧磺隆悬浮剂+38%莠去津悬浮剂茎叶喷雾。

田间杂草以稗草、野燕麦、早熟禾等禾本科杂草为主时，可选用4%烟嘧磺隆悬浮剂防除。

田间杂草以藜、反枝苋、苘麻等阔叶杂草为主时，可选用56%2甲4氯钠可溶粉剂，或选用22.5%溴苯腈乳油茎叶喷雾。

4.6.5 机械中耕除草技术

4.6.5.1 机械中耕除草时期及原则

应在玉米5～6叶期，田间主要杂草第一次出苗高峰期过后进行第一次机械中耕除草。需要进行第二次机械中耕除草的应在玉米封垄前完成。

4.6.5.2 机械中耕除草机具的选择

玉米中耕除草时，根据玉米的长势情况选择不同的机具，玉米株高10～15 cm，选用耘锄除草；玉米株高20～30 cm时，选用深松中耕机（用小芯铧）除草；玉米株高50～60 cm时，选用深松中耕机（用大芯铧）除草培土。

4.6.6 人工除草

在人力较充裕的地区，可进行人工除草。在玉米拔节期前后，人工拔除玉米田间遗留的与玉米高度一样或高出玉米的杂草。

4.7 综合除草技术作业要求

（1）除草剂应根据使用说明进行喷施。配制药液时，用药用水量要准确，并充分搅拌均匀。

（2）喷洒药液量要准确、均匀、不重、不漏，重喷、漏喷率应不大于5%。人工大量喷雾时也要尽量压低喷头，保持距地面10～20 cm的高度，以保证喷药质量，防止药液飘移为害他田。

（3）玉米机械中耕除草，松深5～10 cm，培土除草。除草保持在两行苗中间，偏离中心不大于3 cm。不铲苗、不压苗、不伤苗。

（4）作业前应根据地块形状规划作业路线，保证作业行车方便，空行程短。

（5）正式作业前要进行试作业，调整好除草深度，检查机车、机具各部件工作情况及作业质量，发现问题及时解决，直到符合作业要求。

（6）机组作业速度要符合使用说明书要求，作业应保持匀速直线行驶。

（7）人工除草时，作业人员必须直线作业，不能在玉米田行间来回跨越走动，防止造成杂草的漏拔和玉米的倒伏与踩压。

（8）应选择喷头为扇形且压力稳定的喷雾器。

4.8 综合除草技术的注意事项

（1）合理选用除草剂，结合使用增效助剂，减少用药量及防止飘移，提高防效。化学除草时以选在晴天的早晚、无风情况为宜，中午或气温高时不宜施药。长期干旱无雨、低温和空气湿度低于65%不宜施药。

（2）化学除草作业时，作业人员必需配戴口罩、防护镜、手套、防护衣、靴等，外露体位有外伤或孕妇不可进行喷药作业。

（3）化学除草作业时，作业人员要经常注意检查维修喷药器具，保持雾化良好，防止喷头、管道堵塞渗漏。

（4）化学除草作业完毕后，作业人员要彻底清洗喷药器具及身体触药部位，妥善保管器具与剩余药剂。

（5）机械中耕除草作业时，机具未提升前不得转弯和倒退，且机具作业中或运转状态下，严禁在悬挂架和机具上坐人。

（6）中耕作业时，若发现机车负荷突然增大，应立即停车，查明原因，及时排除故障，且中耕除草作业要随时注意中耕铲是否松动、移位、变形，发现问题及时停车解决。

（7）机械运转时，不得进行维修，且运输时必须将机具升至运输状态。

（8）机具保养和存放按《使用说明书》的要求进行。

（9）人工除草作业时，要在地面干松时进地拔草，小雨后1 d或大雨后3 d进地拔草。

（10）人工除草作业时，如果拔出的杂草已经接种或种子已接近成熟时，要把拔出的杂草及时清理到田外，并及时处理。

（11）机械除草机具的轮距要与免耕播种机的轮距一致。

5 嫩江流域保护性耕作大豆田杂草综合控制技术规范（DB15/T 580—2013）

5.1 适用范围

本标准规定了嫩江流域保护性耕作大豆田杂草综合控制技术的除草剂选择种类、施用时间及方法，人工除草的时间及要求，机械浅松除草的机具种类、防除时间及机具操作等技术规范。

本标准适用于嫩江流域保护性耕作大豆田杂草防除。

5.2 规范性引用文件

下列文件对于本文件的应用是必不可少的。凡是注日期的引用文件，仅注日期的版本适用于本文件。凡是不注日期的引用文件，其最新版本（包括所有的修改单）适用于本文件。

GB 4285　农药安全使用标准

GB/T 5667　农业机械　生产试验方法

GB 8321　农药合理使用准则

GB/T 10395.1　农林拖拉机和机械　安全技术要求　第1部分：总则

5.3 术语和定义

下列术语和定义适用于本标准。

5.3.1 保护性耕作

以水土保持为中心，保持适量的地表覆盖物，尽量减少土壤耕作，并用秸秆覆盖地表，减少风蚀和水蚀，提高土壤肥力和抗旱能力的一项先进农业耕作技术。

5.3.2 综合除草

以轮作等农业措施为基础，机械、化学除草为主，以人工除草为辅的综合除草技术。

5.3.3 化学除草

利用除草剂代替人力或机械在农田等地面上消灭杂草的技术。

5.3.4　机械除草

是指利用农业生产活动的牵引机械、浅松设备及其技术除去农田杂草的生产活动过程。

5.3.5　人工除草

是指利用人力拔出或用手工工具铲除农田杂草的生产活动过程。

5.4　综合除草技术要求

（1）在条件范围内可根据农田轮作的要求选用不同作物与小麦、油菜、谷子等进行轮作，通过不同作物轮作达到防除杂草的目的。

（2）机械除草应符合 GB/T 5667、GB/T 10395.1 等规定标准，依据常用的机械方法、作业强度、除草时期等技术参数，按照国家标准规定的要求进行。

（3）根据土壤条件，选择适宜的牵引机械和浅松除草机械，以利除草效果最好和减少土壤的扰动。

（4）除草剂使用应符合 GB 4285、GB/T 8321 等规定，依据常用的剂型、单位用量、安全间隔期等技术参数，按照国家标准规定的要求施用。

（5）除草剂合理混用，轮换交替使用，以利全面防除杂草，减少抗性杂草的产生与蔓延。

（6）依据大豆的生长时间和遗留杂草的生长情况，在大豆开花前期及时人工拔除田间遗留的大草，以防草种成熟。

5.5　综合除草技术作业前准备

（1）在大豆苗期 1～2 片复叶时，及时进地观察杂草的发生种类和发生量，确定所喷除草剂种类及用量。

（2）要对使用的拖拉机、浅松机、中耕机进行用前技术检查，确保拖拉机技术状态良好，液压机构灵活可靠，动力输出运转正常，浅松机、中耕机具可用。

（3）作业机具安装调试和连接配套作业机具检查，检查各部件是否完好，连接是否可靠，转动是否灵活，浅松、中耕机具的紧固是否可靠，确保运行正常。

（4）查看作业地形，改善作业环境，排除田间的障碍物，防止其影响作业质量和效率及损坏机具。

(5) 作业机手必须经过技术培训，熟练掌握工作原理、调整方法和一般故障排除等技术。

5.6 综合除草技术

5.6.1 综合除草技术路线

以轮作等农业措施为基础，播前进行机械浅松除草、苗期化学除草、机械中耕除草，中期人工拔除大草等不同时期除草措施相结合，用以防除保护性耕作大豆田杂草。

大豆播种前，田间杂草已开始发芽出苗，且发生量较大，应在大豆播种前1～3 d利用机械进行浅松除草；苗期杂草发生量较大，可采用化学除草结合机械中耕进行防除；如果杂草多集中在行间时，可直接采用机械中耕除草；在大豆开花前期，大豆田间杂草对大豆生长已造成一定危害，且杂草植株较大时，可人工拔除田间大草。

5.6.2 轮作

在条件范围内，旱地条件下，轮作的作物可依次选择小麦、谷子等；灌溉条件下，轮作的作物可依次为玉米、小麦等，可根据当地的生产条件进行轮作作物的选择和轮作年限的确定。

5.6.3 播前机械浅松除草

5.6.3.1 播前机械浅松除草时期和要求

浅松除草的适宜时期在大豆播前1～3 d进行，最好与播种连续作业，严防浅松后土壤跑墒；浅松除草时，0～5 cm耕层中壤土土壤容重不大于1.2 g/cm^3，黏土土壤容重不大于1.4 g/cm^3，0～10 cm耕层中的土壤含水率必须不小于10%。

5.6.3.2 机械浅松除草机具种类的选择

根据播种机机型选择相应马力和型号的中耕机及浅旋机。

牵引机具和浅松机具可根据地块的大小选择。牵引机具可选用20马力小型拖拉机、小于50马力其他中小型拖拉机、大于90马力的的大型拖拉机等。浅松机具可选用1QG-120型全方位浅松机、1US-5型全方位浅松机、国产灭茬缺口圆盘耙等或具有相同功能的其他型号浅松机械。

5.6.4 苗期化学除草

5.6.4.1 苗期化学除草的时期及原则

在大豆1～3片复叶、杂草2～5叶期，杂草发生量较大时，根据田间杂草群落选用一种除草剂或一组混配剂进行茎叶喷雾防除。

5.6.4.2　**苗期化学除草药剂的选择**

田间狗尾草、稗草等禾本科杂草与藜、苣荬菜等阔叶类杂草混生时可喷施25％氟磺胺草醚水剂＋108 g/L高效氟吡甲禾灵乳油。

田间以阔叶类杂草为主时可选用25％氟磺胺草醚水剂，或选用48％苯达松水剂，或选用48％苯达松水剂＋25％氟磺胺草醚水剂混匀后进行茎叶喷雾。

田间杂草以禾本科杂草为主时可选用108 g/L高效氟吡甲禾灵乳油，或选用5％精喹禾灵乳油。

5.6.5　机械中耕除草

大豆苗期化学除草后仍有杂草发生，且影响大豆生长时，可在大豆开花期采用3ZF－1.2型多功能中耕除草机进行中耕除草，松土深度3～4 cm，伤苗率小于1％，除草保持在两行苗中间，偏离中心不大于3 cm，不铲苗、不压苗、不伤苗。

5.6.6　人工除草

在人力较充裕的地区，可进行人工除草。中耕除草完成后，可在大豆开花期前人工拔除大豆田间遗留的与大豆高度接近或高出大豆的杂草。

5.7　综合除草技术作业要求

（1）除草剂应根据使用说明进行喷施。配制药液时，用药用水量要准确，并充分搅拌均匀。

（2）喷洒药液量要准确、均匀、不重、不漏，重喷、漏喷率应不大于5％。人工大量喷雾时要尽量压低喷头，保持在距地面10～20 cm的高度，以保证喷药质量。选择雾化较好，喷洒均匀的喷雾器具进行除草剂的喷洒。

（3）大豆田机械浅松除草深度应为5～6 cm，地要平整，不拖堆，不出沟，同一地块的高度差不超过4 cm。

（4）作业前应根据地块形状规划作业路线，保证作业行车方便，空行程短。

（5）正式作业前要进行试作业，调整好除草深度，检查机车、机具各部件工作情况及作业质量，发现问题及时解决，直到符合作业要求。

（6）机组作业速度要符合使用说明书要求，作业应保持匀速直线行驶。

(7) 人工除草时，作业人员必须直线作业，不能在大豆田行间来回跨越走动，防止造成杂草的漏拔和大豆的倒伏与踩压。

5.8 综合除草技术的注意事项

(1) 合理选用除草剂，结合使用增效助剂，减少用药量及防止飘移，提高防效。化学除草宜选在晴天的早晚、无风情况为宜，中午或气温高时不宜施药。长期干旱无雨、低温和空气湿度低于65%不宜施药。

(2) 化学除草作业时，作业人员必须配戴口罩、防护镜、手套、防护衣、靴等，外露体位有外伤或孕妇不可进行喷药作业。

(3) 化学除草作业时，作业人员要经常注意检查维修喷药器具，保持雾化良好，防止喷头、管道堵塞渗漏。

(4) 化学除草作业完毕后，作业人员要彻底清洗喷药器具及身体触药部位，妥善保管器具与剩余药剂。

(5) 机械浅松、中耕除草作业时，机具未提升前不得转弯和倒退，且机具作业中或运转状态下，严禁在悬挂架和机具上坐人。

(6) 浅松、中耕作业时，若发现机车负荷突然增大，应立即停车，查明原因，及时排除故障，且中耕除草作业要随时注意中耕铲是否松动、移位、变形，发现问题及时停车解决。

(7) 机械运转时，不得进行维修，且运输时必须将机具升至运输状态。

(8) 机具保养和存放按《使用说明书》的要求进行。

(9) 人工除草作业时，要在地面干松时进地拔草，小雨过1 d或大雨过3 d后进地拔草。

(10) 人工除草作业时，如果拔出的杂草已经接种或种子已接近成熟时，要把拔出的杂草及时清理到田外，并及时处理。

(11) 机械除草机具的轮距要与免耕播种机的轮距一致。

6　嫩江流域保护性耕作甘蓝型油菜田杂草控制技术规范（DB15/T 582—2013）

6.1　范围

本标准规定了嫩江流域保护性耕作甘蓝型油菜田杂草综合控制技术的除草剂选择种类、施用时间、及方法，人工除草的时间及要求，机械浅松除草的机具种类、防除时间及机具操作等技术规范。

本标准适用于嫩江流域保护性耕作甘蓝型油菜田杂草防除。

6.2　规范性引用文件

下列文件对于本文件的应用是必不可少的。凡是注日期的引用文件，仅注日期的版本适用于本文件。凡是不注日期的引用文件，其最新版本（包括所有的修改单）适用于本文件。

GB 4285　农药安全使用标准

GB/T 5667　农业机械　生产试验方法

GB 8321　农药合理使用准则

GB/T 10395.1　农林拖拉机和机械　安全技术要求　第1部分：总则

6.3　术语和定义

下列术语和定义适用于本标准。

6.3.1　保护性耕作

以水土保持为中心，保持适量的地表覆盖物，尽量减少土壤耕作，并用秸秆覆盖地表，减少风蚀和水蚀，提高土壤肥力和抗旱能力的一项先进农业耕作技术。

6.3.2　综合除草

综合利用除草剂、机械和人力在农田、苗圃、绿地、造林地、防火线等地面上消灭杂草的技术。

6.4　综合除草技术要求

（1）根据农田轮作的要求可与小麦、大豆、谷子等进行轮作，通过不同作物轮作达到防除杂草的目的。

（2）除草剂使用应符合 GB 4285、GB/T 8321 等规定，依据常用的剂型、单位用量、安全间隔期等技术参数，按照国家标准规定的要求施用。

（3）除草剂合理混用，轮换交替使用，以利全面防除杂草，减少抗性杂草的产生与蔓延。

（4）机械除草应符合 GB/T 5667、GB/T 10395.1 等规定，依据常用的机械方法、作业强度、除草时期等技术参数，按照国家标准规定的要求进行。

（5）根据土壤条件，选择适宜的牵引机械和浅松除草机械，以利除草效果最好和减少土壤的扰动。

（6）依据甘蓝型油菜的生长时间和遗留杂草的生长情况，在油菜现蕾期前后及时人工拔除田间遗留的大草，以防草种成熟。

6.5 综合除草技术作业前准备

（1）要对使用的拖拉机、中耕机进行用前技术检查，确保使用的拖拉机技术状态良好，液压机构灵活可靠，动力输出运转正常，中耕机具可用。

（2）对作业机具安装调试和联结配套作业机具进行检查，检查各部件是否完好，连接是否可靠，转动是否灵活，中耕铲的紧固是否可靠，确保运行正常。

（3）查看作业地形，改善作业环境，排除田间的障碍物，防止其影响作业质量和效率及损坏机具。

（4）作业机手必须经过技术培训，熟练掌握工作原理、调整方法和一般故障排除等技术。

（5）在油菜苗期 2～3 叶时，及时进地观察杂草的发生种类和发生量，确定所用除草剂种类及用量。

6.6 综合除草技术

6.6.1 综合除草技术路线

以轮作等农业措施为基础，结合苗期化学除草或机械中耕除草，中期人工拔大草，收获后化学除草等不同时期除草措施相结合，用以防除保护性耕作油菜田杂草。

苗期杂草发生较重，可化学除草与机械中耕除草相结合进行防除；如果杂草多发生在行间时，可直接采用机械中耕除草；在油菜孕现蕾期时，田间残存杂草影响油菜生长时，可人工拔除田间大草；油菜收获后，田间杂草发生量还较大，且50%以上的植株具有生长能力时，应及时用草甘膦进行化学防除。

6.6.2 轮作

在条件许可范围内，旱地条件下，可依次选择小麦、向日葵、荞麦等与其轮作；灌溉条件下，可依次选择小麦、大豆、玉米等与其轮作。也可根据当地的生产条件进行轮作作物的选择和轮作年限的确定。

6.6.3 苗期化学除草技术

6.6.3.1 **苗期化学除草时期**

在油菜苗期4～6叶、杂草2～4叶时，杂草发生量较大时，可根据田间杂草群落选用一种除草剂或一组混配剂茎叶喷雾防除。

6.6.3.2 **化学除草剂的选择**

田间杂草以狗尾草、稗草、野燕麦等禾本科杂草和藜、苣荬菜等阔叶型杂草混生为主时，可喷施50%草除灵悬浮剂+5%精喹禾灵乳油，混合均匀茎叶喷雾。

田间杂草以狗尾草、稗草、野燕麦等禾本科杂草为主时，可喷施5%精喹禾灵乳油，或10.8%高效氟吡甲禾灵乳油，或12.5%烯禾啶乳油。

田间杂草群落以藜、苣荬菜、卷茎蓼等阔叶杂草为主时，可喷施50%草除灵悬浮剂。

6.6.4 机械中耕除草

苗期化学除草后未发生杂草，不必进行机械中耕除草；化学除草后杂草发生仍较重时，可采用机械中耕除草。

在油菜6～9叶时，可用3ZF-1.2型多功能中耕除草机进行中耕，松（耕）土深度3～4 cm，要求伤苗率不大于1%。除草保持在两行苗中间，偏离中心不大于3 cm，不铲苗、不压苗、不伤苗。或选择机具型号与播种机配套的其他型号的中耕除草机。

6.6.5 人工除草

在人力较充裕的地区，可进行人工除草。人工除草在油菜蕾薹期前后进行，拔除油菜田间遗留的与油菜高度一样或高出油菜的杂草。

6.6.6 收获后化学除草

油菜收获后 7～10 d，田间杂草生长量还较大时，或由于降雨，50%以上的杂草具有绿叶，可及时选用草甘膦进行防除。

6.7 综合除草技术作业要求

(1) 除草剂应根据使用说明进行喷施。配制药液时，用药用水量要准确，并充分搅拌均匀。

(2) 喷洒药液量要准确、均匀、不重、不漏，重喷、漏喷率应不大于5%。人工大量喷雾时也要尽量压低喷头，保持在距地面 10～20 cm 的高度，以保证喷药质量，防药液飘移它田为害。

(3) 作业前应根据地块形状规划作业路线，保证作业行车方便，空行程短。

(4) 正式作业前要进行试作业，调整好除草深度，检查机车、机具各部件工作情况及作业质量，发现问题及时解决，直到符合作业要求。

(5) 机组作业速度要符合使用说明书要求，作业应保持匀速直线行驶。

(6) 人工除草时，作业人员必须直线作业，不能在油菜田的行间来回跨越走动，防止造成油菜的倒伏与踩压。

(7) 应选择喷头为扇形且压力稳定的喷雾器。

6.8 综合除草技术的注意事项

(1) 化学除草作业时，作业人员要经常注意检查维修喷药器具，保持雾化良好，防止喷头、管道堵塞渗漏。

(2) 合理选用除草剂，结合使用增效助剂，减少用药量及防止飘移，提高防效。化学除草时以选在晴天的早晚、无风情况为宜，中午或气温高时不宜施药。长期干旱无雨、低温和空气湿度低于 65%不宜施药。

(3) 化学除草作业时，作业人员需要配戴口罩、防护镜、手套、防护衣、靴等，外露体位有外伤或孕妇不可进行喷药作业。

(4) 化学除草作业完毕后，作业人员要彻底清洗喷药器具及身体触药部位，妥善保管器具与剩余药剂。

(5) 机械中耕除草作业时，机具未提升前不得转弯和倒退。

(6) 机械运转时，不得进行维修，且运输时必须将机具升至运输状态，严禁在悬挂架和机具上坐人。

(7) 机械中耕除草作业时，若发现机车负荷突然增大，应立即停车，查明原因，及时排除故障。

(8) 机具保养和存放按《使用说明书》的要求进行。

(9) 人工除草作业时，要在地面干松时进地拔草，小雨后 1 d 或大雨后 3 d 进地拔草。

(10) 人工除草作业时，如果拔出的杂草已经接种或种子已接近成熟时，要把拔出的杂草及时清理到田外，并及时处理。

(11) 机械除草机具的轮距要与免耕播种机的轮距一致。

参 考 文 献

陈静蕊，刘佳，王惠明，等．保护性耕作措施对陡坡地养分流失的影响 [J]. 中国土壤与肥料，2018 (1)：146－151.

陈强，孙涛，宋春雨．免耕对土壤物理性状及作物产量影响 [J]. 草业科学，2014，31 (4)：650－658.

程海富．山西省保护性耕作发展的实践 [J]. 农业技术与装备，2010 (1)：31－33.

程玉臣，路战远，张向前，张建中，咸丰，白海，张德健．旱作雨养条件下5种燕麦品种的生态适应性分析 [J]. 安徽农业科学，2013，41 (18)：7777－7779.

范小建．大力推广免耕栽培技术促进节本高效农业发展——在全国免耕栽培技术现场会上的讲话 [J]. 中国农技推广，2006，22 (9)：4－7.

盖志佳，蔡丽君，刘婧琦，等．轮作体系下窄行密植免耕对大豆农艺性状及产量的影响 [J]. 中国种业，2017 (6)：63－65.

盖志佳，张敬涛．耕作方式和密度对玉米产量及构成因素的影响 [J]. 农学学报，2015，5 (8)：32－36.

盖志佳，赵文军，刘婧琦，等．美国俄亥俄州保护性耕作体系情况与黑龙江省农业持续发展建议 [J]. 黑龙江农业科学，2017 (8)：125－129.

高焕文，李洪文，李问盈．保护性耕作的发展 [J]. 农业机械学报，2008，39 (9)：43－48.

高婕，李倩，刘景辉，等．留茬高度对带状留茬间作农田土壤防风蚀效果的影响 [J]. 水土保持通报，2013，33 (3)：29－32.

高琪，张忠潮．中国保护性耕作生态效益补偿制度的构建 [J]. 世界农业，2015 (5)：101－105.

高旺盛．论保护性耕作技术的基本原理与发展趋势 [J]. 中国农业科学，2007，40 (12)：2702－2708.

葛天航．辽宁保护性耕作工程建设存在问题与完善思路 [J]. 农技服务，2016，33 (5)：34－34.

耿贵．黑龙江省除草剂药害、面源污染状况及预防对策 [C]. 全国农业面源污染综合防治高层论坛.2008.
郭乐音，路战远，张德健，张向前，程玉臣.保水剂对保护性耕作小麦性状及产量的影响 [J]. 内蒙古农业科技，2015，43 (4)：14-16，39.
何会宾.浅谈澳大利亚林业对河北省林业发展的启示 [J]. 河北林业科技，2008 (5)：84-85.
胡国强.土壤耕作基础理论及其应用的研究 [D]. 北京：中国农业大学，2007.
李瑞平，郑金玉，罗洋，等.浅谈保护性耕作对黄土高原的重要性 [J]. 东北农业科学，2010，35 (2)：9-13.
李彤，王梓廷，刘露，廖允成，刘杨，韩娟.保护性耕作对西北旱区土壤微生物空间分布及土壤理化性质的影响 [J]. 中国农业科学，2017，50 (5)：859-870.
李向东，隋鹏，张海林，等.南方稻田保护性耕作制的农民认知分析 [J]. 土壤与作物，2007，23 (2)：190-195.
李玉洁，王慧，赵建宁，等.耕作方式对农田土壤理化因子和生物学特性的影响 [J]. 应用生态学报，2015，26 (3)：939-948.
梁玉成，吕金庆，谢宇峰.保护性机械化耕作技术在黑龙江省的应用 [J]. 农机化研究，2009，31 (7)：14-17.
林艺，秦凤，郑子成，等.不同降雨条件下垄作坡面地表微地形及土壤侵蚀变化特征 [J]. 中国水土保持科学，2015，13 (3)：32-38.
刘爱民.论农业部保护性耕作项目在我省的实施管理 [D]. 沈阳：东北大学，2004.
刘红梅，姬艳艳，张贵龙，等.不同耕作方式对玉米田土壤有机碳含量的影响 [J]. 生态环境学报，2013，22 (3)：406-410.
刘洋，孙占祥，冯良山，等.实行保护性耕作技术，促进旱作农业可持续发展 [J]. 辽宁农业科学，2009 (3)：41-43.
刘振友.我国保护性耕作的发展应用 [J]. 农机化研究，2005 (4)：312-312.
路怡青.保护性耕作对潮土酶活性、微生物群落及肥力的影响 [D]. 南京：南京农业大学，2013.
路战远，程玉臣，王玉芬，张德健，杨彬，张向前，赵双龙.免耕半精量播种机的研制 [J]. 北方农业学报，2016，44 (2)：69-72.
路战远，程玉臣，张德健，王玉芬，张向前，杨彬.新型马铃薯起垄覆膜播种机简介［J］. 北方农业学报，2016，44（3）：67－70.
路战远，程玉臣，张向前，张德健，杨彬．马铃薯垄膜沟植播种联合机组简介［J］. 北方农业学报，2016，44（4）：121－124.
路战远，张德健，李淑芳，等．农牧交错区保护性耕作玉米田杂草发生规律及防除技术［J］. 河南农业科学，2007（12）：66－68.
路战远，张德健，张向前，程玉臣，王玉芬，张建中，白海，咸丰．农牧交错区小麦免耕播种丰产高效栽培技术规程［J］. 内蒙古农业科技，2014（1）：105－106.
路战远，张德健，张向前，等．嫩江流域保护性耕作甘蓝型油菜田杂草综合控制技术规程［J］. 内蒙古农业科技，2015，43（5）：56－57，93.
路战远，张德健，张向前，等．农牧交错区保护性耕作小麦田杂草综合控制技术规程［J］. 内蒙古农业科技，2015，43（4）：58－59.
路战远，张德健，张向前，等．西辽河流域保护性耕作玉米田杂草综合控制技术规程［J］. 内蒙古农业科技，2015，43（4）：59－61.
路战远，张德健，智颖飙，等．农牧交错区保护性耕作小麦田间杂草发生规律及控制技术［J］. 安徽农业科学，2008，36（4）：1479－1481.
路战远，张向前，张德健，等．不同灌水量对免耕玉米土壤水分和产量的影响［J］. 内蒙古农业科技，2012（6）：19－20.
马根众，董佑福．机械化保护性耕作在山东［J］. 农业技术与装备，2010（1）：28－31.
门晓岩，郝淑荣，张淑清．农作物茬口选择的技术要点［J］. 农民致富之友，2008（9）：28－29.
孟毅，蔡焕杰，王健，等．麦秆覆盖对夏玉米的生长及水分利用的影响［J］. 西北农林科技大学学报（自然科学版），2005，33（6）：131－135.
彭万臣．寒地黑土区宜实施保护性耕作［J］. 中国水土保持，2009（1）：10－11.
邵立民．我国农业实施保护性耕作方式的对策研究［J］. 农业经济与管理，2012（2）：27－35.
王福军．华北平原保护性耕作生态经济效益初步评价［D］. 北京：中国农业大学，2006.
王建宏．保护性耕作研究现状、发展趋势及对策［J］. 农业开发与装备，2018，1（1）：67.
王晓燕．旱地机械化保护性耕作径流与土壤水分平衡模型试验研究［D］. 北京：中国农业大学，2000.
王燕，王小彬，刘爽，等. 保护性耕作及其对土壤有机碳的影响 [J]. 中国生态农业学报，2008 (3)：766-771.
王玉芬，路战远，张向前，张德健. 保护性耕作燕麦田杂草综合控制研究 [J]. 干旱地区农业研究，2014，32 (4)：208-216.
王玉芬，张德健，路战远，邢丽萍. 保护性耕作油菜田杂草控制技术的研究进展分析及发展对策 [J]. 内蒙古农业科技，2010 (5)：103-104.
王玉芬，张德健，路战远，邢丽萍. 阴山北麓保护性耕作油菜田间杂草控制试验 [J]. 山西农业科学，2011，39 (5)：459-461.
杨爱民，刘孝盈. 发展保护性耕作技术 有效防治耕地土壤侵蚀 [J]. 中国水土保持科学，2010，8 (6)：47-52.
杨宗信. 宁夏海原县保护性耕作探索 [J]. 农业科技与信息，2012 (13)：48-49.
姚宇卿. 豫西旱作区小麦玉米一体化保护性耕作技术集成与示范 [D]. 杨陵：西北农林科技大学，2006.
张德健，路战远，程玉臣，等. 旱作保护性耕作油菜田丰产高效栽培技术规程 [J]. 内蒙古农业科技，2015，43 (4)：94-95.
张德健，路战远，王玉芬，等. 阴山北麓保护性耕作燕麦田杂草综合控制技术规程 [J]. 内蒙古农业科技，2015，43 (6)：64-65，68.
张德健，路战远，张向前，等. 不同耕作措施对玉米产量和土壤理化性质的影响 [J]. 中国农学通报，2014，30 (12)：209-213.
张德健，路战远，张向前，等. 嫩江流域保护性耕作大豆田杂草综合控制技术规程 [J]. 内蒙古农业科技，2015，43 (6)：66-68.
张德健，路战远，张向前，等. 农牧交错区玉米免耕播种节水丰产栽培技术规程 [J]. 内蒙古农业科技，2014 (2)：110.
张德健，路战远，张向前，等. 阴山北麓保护性耕作芥菜型油菜田杂草综合控制技术规程 [J]. 内蒙古农业科技，2015，43 (6)：77-78，87.
张德健，张向前，路战远，高波，王黎胜，刘晓莉. 不同化学除草剂对保护性耕作小麦田间杂草防除效果的比较与分析 [J]. 内蒙古农业科技，2012 (5)：75-77.
张海林，高旺盛，陈阜，等. 保护性耕作研究现状、发展趋势及对策 [J]. 中国农业大学学报，2005，10 (1)：16-20.
赵其国，滕应，黄国勤. 中国探索实行耕地轮作休耕制度试点问题的战略思考［J］．生态环境学报，2017，26（1）：1－5．
郑巍．江苏省保护性耕作机械化技术引进与试验示范［D］．南京：南京农业大学，2014．
周莉．稻田保护性耕作技术的研究及应用——以彭州市为例［D］．成都：四川农业大学，2010．

图书在版编目（CIP）数据

北方农牧交错区保护性耕作研究 / 路战远等著 .—
北京：中国农业出版社，2019.9
ISBN 978-7-109-25982-9

Ⅰ. ①北… Ⅱ. ①路… Ⅲ. ①资源保护-土壤耕作-研究-华北地区 Ⅳ. ①S341

中国版本图书馆 CIP 数据核字（2019）第 219682 号

中国农业出版社出版
地址：北京市朝阳区麦子店街 18 号楼
邮编：100125
责任编辑：刘明昌
版式设计：史鑫宇　　责任校对：刘丽香
印刷：北京中兴印刷有限公司
版次：2019 年 9 月第 1 版
印次：2019 年 9 月北京第 1 次印刷
发行：新华书店北京发行所
开本：720mm×960mm　1/16
印张：15.25
字数：260 千字
定价：48.00 元
